「翼の王国」のおみやげ

長友啓典

全日空グループ機内誌『翼の王国』で「おいしい手土産」の連載が始まったのが2007年4月なので、かれこれ9年が過ぎた。

　旅先の情報に関して、僕が一目置いている仲間たちのおかげで、全国津々浦々、これまで幾多の絶品と、絶景と、別嬪（?）との出会いがあった。76歳になって、旅先で新しい友人もできた。

　帰りの飛行機に乗るころには、いつも両手に抱えきれないほどの「おみやげ」ができている。これまで見た中で一番の夕日や、街のそこかしこで大宴会に出くわしたこと……など、旅先で見て、聞いて、感じたすべてが「おみやげ」だ（〝旨いもん〟を持ち帰らずにはいられないのは、言うまでもない）。

　今回、とっておきの僕の「おみやげ」をあらためて紹介しようと思う。この本を片手に旅に出る人たちが、それぞれの「おみやげ」をぶら下げて戻ってきてもらえると、うれしいかぎりである。

北海道・東北

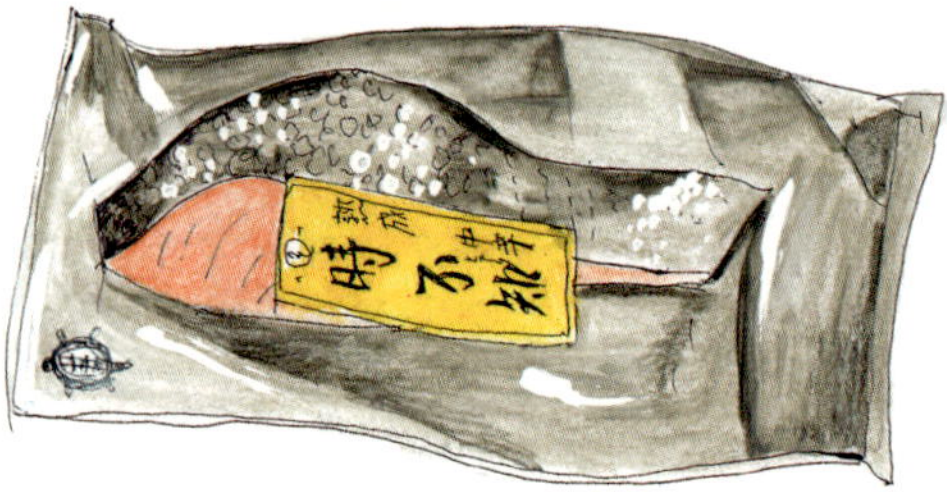

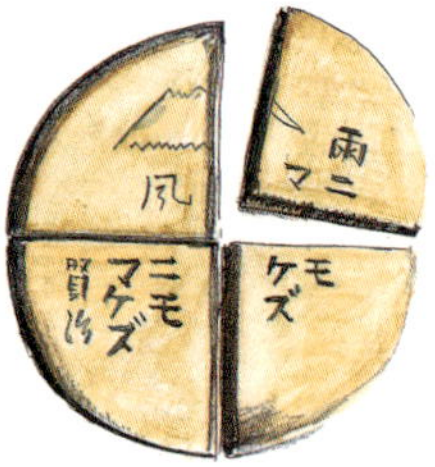

関東

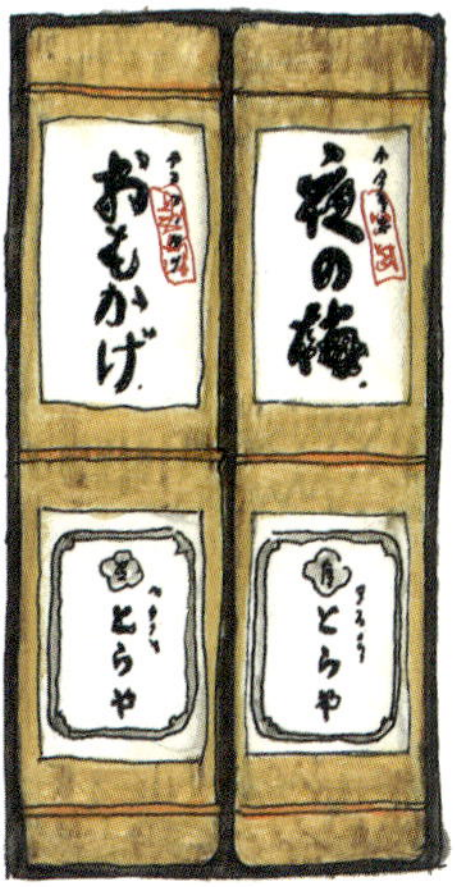

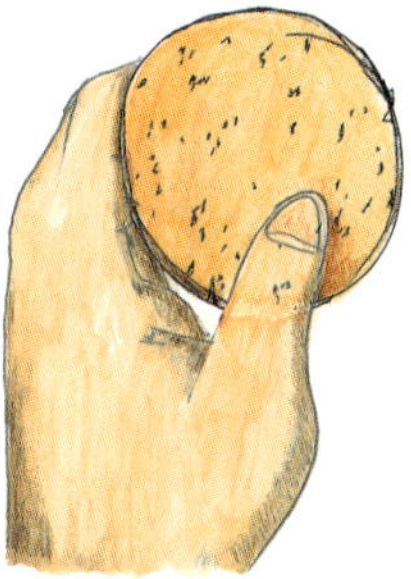

中部

能登のはま塩

羽二重餅

飛騨牛
ビーフカレー

РУССКИЙ ШОКОЛАД
МАЦУЯ
С 1830 ГОДА

関西

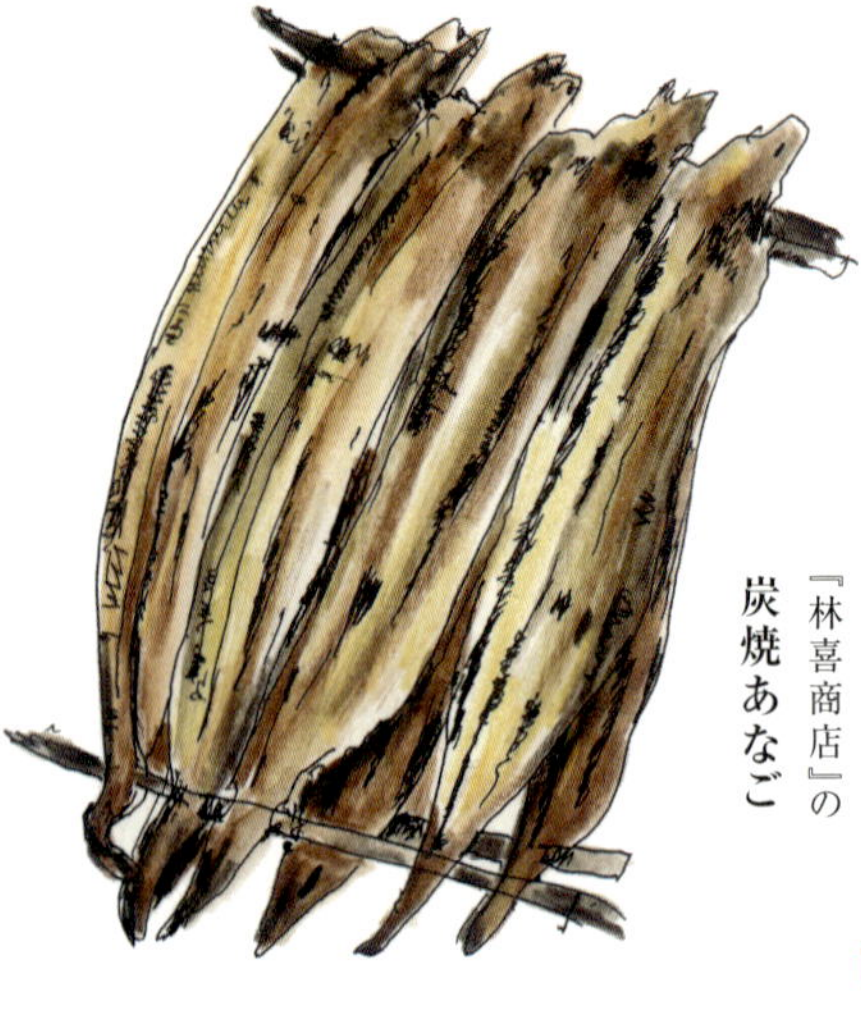

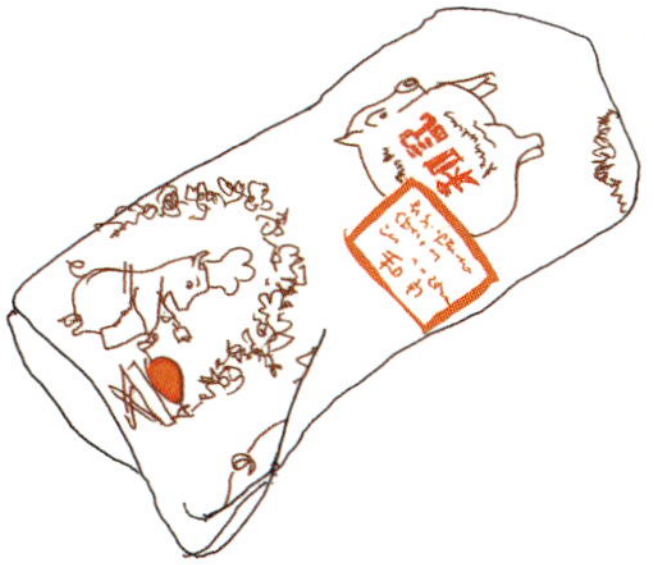

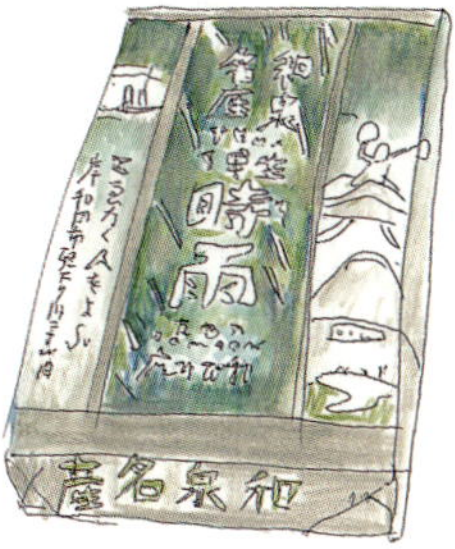
時雨
和泉名産

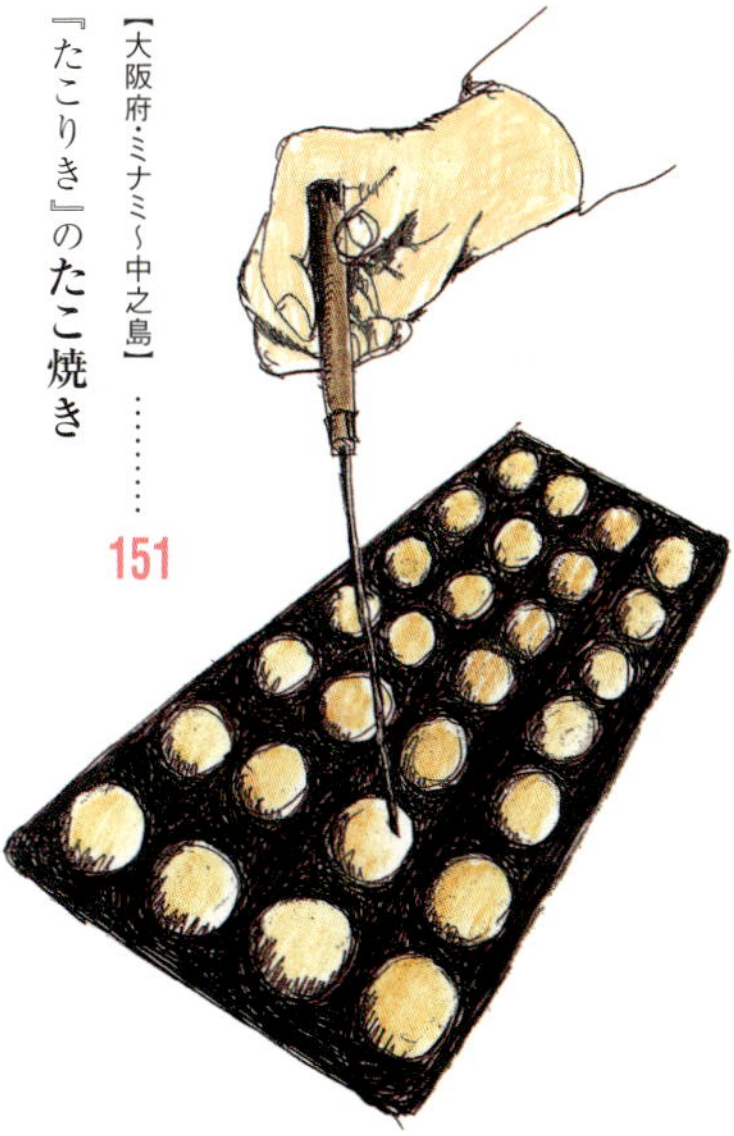

肉みそ

中国・四国

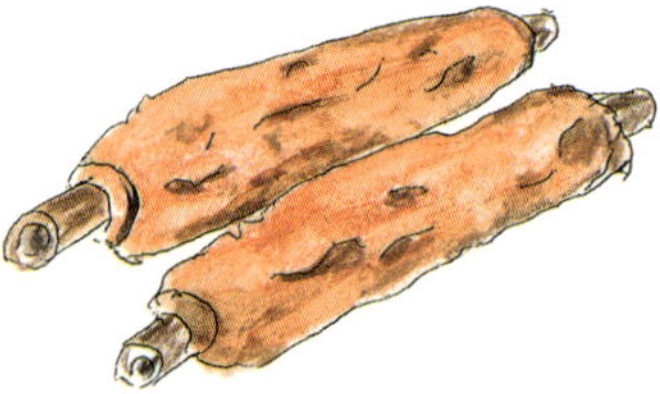

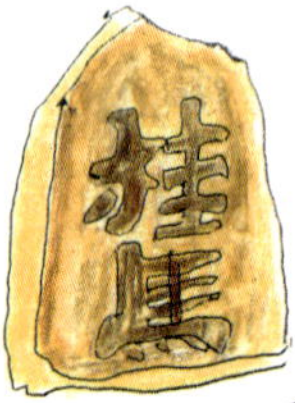

九州・沖縄

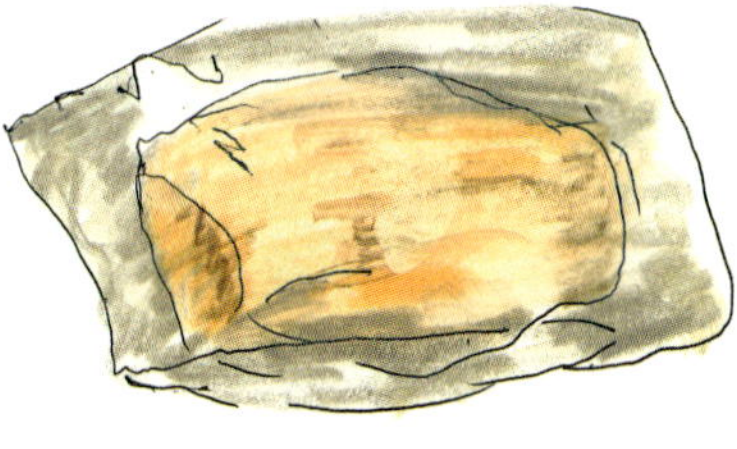

002 INDEX　200 おみやげから選ぶINDEX

北海道・東北

北海道 社台ファーム

北海道 モエレ沼公園

岩手　めがね橋

福島 大内宿

江戸時代の旅人気分で
散策するのも一興です

福島 CCGA現代グラフィックアートセンター

福島 鶴ヶ城

「鶴ヶ城」を見ずに
会津若松は語れません

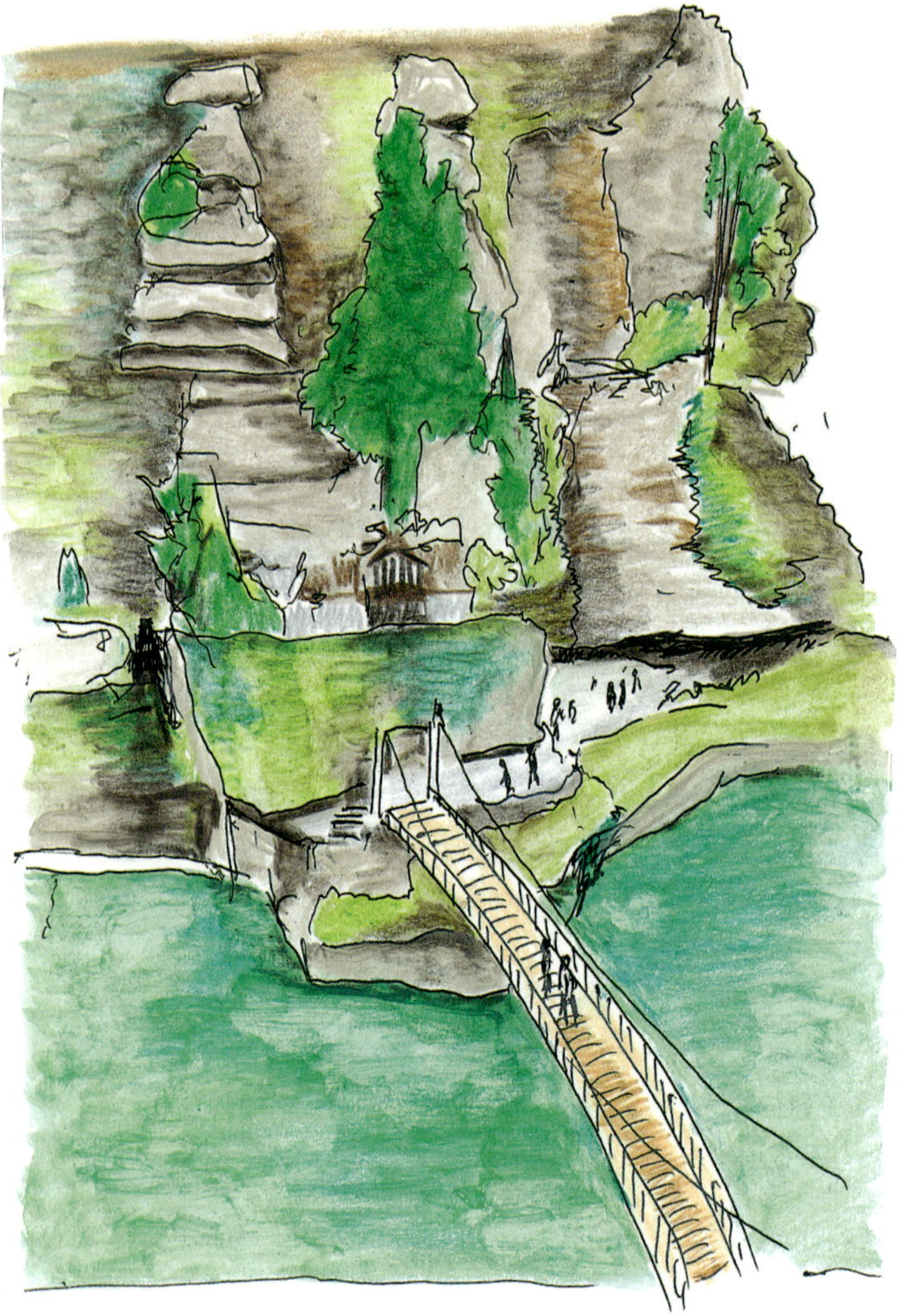

福島 塔のへつり

【北海道・富良野】

『唯我独尊』のカレールー

北海道・旭川に「上野ファーム」という、知る人ぞ知る素敵なガーデンがある。上野悦子さん、砂由紀さん母娘がふたりで1600坪以上のガーデンを管理されている。素晴らしいお庭だ。

砂由紀さんはイギリスで修業された人気上昇中の若手ガーデナー。その砂由紀さんが、脚本家・倉本聰さんに抜擢され、富良野にガーデンを造っているというニュースを新聞で発見。それは行かねばと、早速、取材を兼ねて行ってみた。

新しく始まるテレビドラマ[*1]の舞台がその「ガーデン」とのこと。ずいぶん前から準備が始まっていたようだ。ドラマのセットなので〝そこそこのものだろう〟と高を括っていたら、なんのなんの。倉本さんの思いもあってか、上野さんの旭川の庭を上回るほど、素晴らしいものとなっていた。約600坪の庭に360種以上の宿根草《しゅっこんそう》で構成されているとのこと。

「自家製ソーセージ」と「富良野カレー」の「唯我独尊」のカレールーが最高!!

『唯我独尊』
北海道富良野市日の出町11-8
☎0167-23-4784

*1 脚本家・倉本聰が書き下ろした富良野を舞台にしたフジテレビ系TVドラマ『風のガーデン』(2008年10月～12月放送)。

庭を造るということは半年、1年後に咲くであろう花の色をイメージして種を蒔き、苗を植えていくのである。ものすごい気の長い、でも気持ちが豊かになる創造の世界ですね。

富良野には大阪時代からの友人でガラス作家の山口一城さんが、十勝岳を望む景勝の地に工房を構えている。この人は大阪人らしく、かなりの食道楽。この機会に再会し、美味しいところをいろいろと案内してもらうことにした。

まずは富良野がカレーの町と呼ばれるきっかけとなった店『唯我独尊』である。山口さんは〝カレー通〟を自負する僕のことをよく知っていて、行列のできるこの店に連れていってくれた。

今まで食した日本のカレーでベスト5に入る凄みがあった。早速、オリジナルカレールーとソーセージを、手土産にピッタリ！　と購入する。

続いて行ったところが『ビストロ ル・シュマン』。フランス料理とパティスリーで、一生懸命、この地でお店を育てようと努力されている、若いご夫婦の姿が清々しい。根室で獲れたアイナメが美味しく、つけあわせの〝地のもの〟の黒キャベツも珍しかった。

続いてドラマ『北の国から』の登場以前より、評判高き富良野駅前の『くまげら』に行く。友人の吉田さん、雑誌編集者の倉重さん、かのガーデナーの上野砂由紀さんたちが待っていてくれた。「大勢なのでこれがよいだろう」と用意してもらったのが、北海道ならではの「山ぞく鍋」である。鹿、鶏、鴨などのお肉、さらに野菜たっぷりの最高の鍋でした。

偶然、数学者・秋山仁さんも来られていた。なんと秋山さんはアコーディオンの名手でもあった。愉快な人だ。店主の森本毅さんは、ヨーデルが〝ウイリー沖山ばり〟に目茶上手く、ご披露願った。楽しい富良野を満喫した。

今回の旅では倉本聰さんとよい感じで知り合えた。1年後には、その庭が一般公開されるそうだ。[*2] そして『くまげら』が待っていてくれる。若きフレンチの名手もいる。そうそう、山口一城さんご一家が「また来てね」と言ってくれた。はいはい、もうひとつカレーを求めに、かならずまた来させてもらいますよ。

＊2　撮影のために2年がかりで造成されたといわれる広大なブリティッシュガーデンは、新富良野プリンスホテル内に「風のガーデン」として一般公開されている。

【北海道・札幌】

『丸亀』の時不知

同い年のIさんが、北海道に移住した。三重県の伊勢市で生まれ、奈良の高校から東京の大学を出て、マスコミ関係に職を見つけ、大阪のFM放送局の立ち上げに参加、社長の職をまっとうに務め上げて定年退職をした。絵に描いたような、設計図どおりの半生を過ごしたIさんは永年の友人である。賢妻に出逢い、子どもができ、孫に恵まれるという、私生活においても順風満帆な人生の航海だ。これからの半生を北海道の地・札幌に居を構え、新たな航海を目指し奥様と二人で錨を降ろした。

どうされているか興味があり、訪ねた。都会育ちのご夫妻が、北海道にどれだけ馴染まれたかとお聞きしたところ、一番シンプルな答えが返ってきた。「友さん、最高の場所だよ。空気は良いし、食べるものは美味しいし……」と、良いとこだらけとのご夫妻の言葉であった。同世代としては、これからの生き方、考え

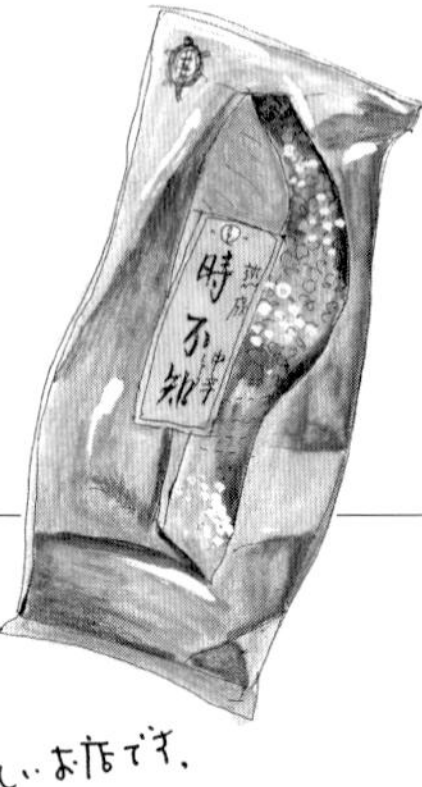

「丸亀」楽しいお店です。
北海道の天然鮭はもちろん
「スルメ七まいか」「いかすみさきいか」
…… いろいろあります。

『丸亀』
円山本店：
北海道札幌市中央区北1条西27丁目3-16
（北一条通り沿い北向き）
☎011-611-8331

方として、ものすごく参考になった。

今回の旅では、もうひとつ大切な用事があった。札幌ＡＤＣ（アートディレクターズクラブ）の審査会に参加することである。広告、宣伝、雑誌……いわゆるデザイン作品群の審査である。どうしても需要と供給の問題で、東京中心となってしまうデザインの業界も、近年の〝地産地消の傾向〟で地元に密着した作品が多くなった。新しい動きだ。

Ｉさんの生活スタイルもそうだったが、この審査会でも感じたのは、北海道全体にそういう雰囲気が漂っていたことだ。札幌近郊のイサム・ノグチさん設計の『モエレ沼公園』に行き、札幌市民の楽しみ方を見てもそれを感じた。円山公園辺りのレストランやカフェでお客さんと料理人の関係を見ても新しい風を感じた。新聞でも「北海道スタイル」と呼べるような生活スタイルの確立が話題になっていた。まさしくそれだ。何かが変わってきている気がした。地産地消と全国的にかまびすしいが、北海道こそ、野菜や海の幸など食材が豊富な土地だ。食文化とともに、「北海道ライフスタイル」、「北海道ブランド」の世界への発信は間近に迫っている気がした。

そこで、「おいしい手土産」の話をせねば、本末転倒である。新しい風を感じてＩさんをはじめ、札幌ＡＤＣの友人、仲間たちに新しい手土産を聞いてみたところ、いろいろな候補が挙がったが、どれも「我が意を得たり」というものではない。再度Iさんの奥様に聞いてみたところ、「日本全国のおそばの生産の多くは北海道なんですよ」という答え。でも、それをお土産というわけにはいかない。

それでは、北海道に根を下ろしたものをと考え、札幌市内は円山公園近くの『丸《まる》亀《かめ》』の「時不知《ときしらず》」という、この時節〝とっておき〟の「鮭」とした。

【北海道・帯広】

『六花亭』の大平原

幸いなことに数年来、秋に北海道へ旅する機会が多い。僕の中ではゴルフの占めるパーセンテージがかなり高い。『翼の王国』に連載している関係で、ANAオープンの後で催される懇親会に招かれることを理由に、40年来の友人と冬季クローズ間近のゴルフ場を巡回するのを楽しみとしている。

もうひとつ、長年親しんでいるものがある。それは競馬だ。これも50年近く親しんでいる。今回の北海道では念願かなって、数々の名馬を世に送り出している『社台ファーム』を訪れることができた。東京ドームが80個とか90個収まるという広大な風景に感動した。徹底してデザインされた牧場は、日本のそれじゃなく、競馬の故郷イギリス、フランスの風景を想わせてくれる。実に楽しかった。

富山の友人が帯広に単身赴任し、プロデューサーとして頑張っていると聞いた。そのプロジェクトで札幌にショールームをオープンしたので、表敬訪問をした。

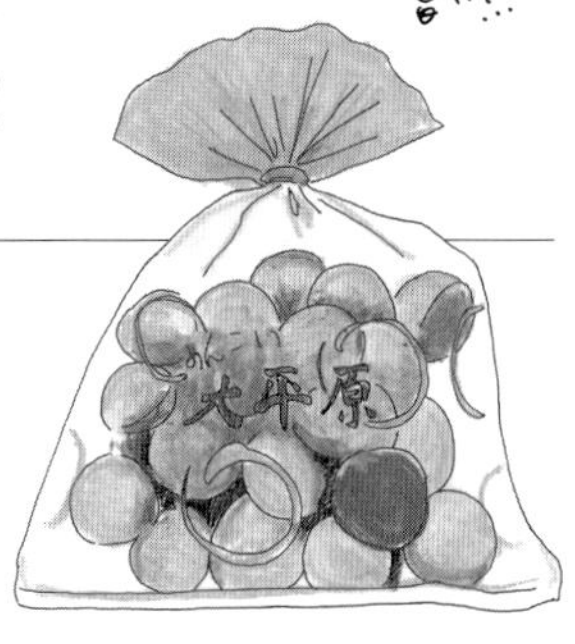

『六花亭』
帯広本店：
北海道帯広市西2条南9丁目6
☎0155-24-6666

激励を理由に北海道の美味しいものを頂くという楽しいオプションが付いているのは言うまでもない。

ショールームというのは、まったく新しい展開のお店である。「紙のアートショップ」といったところだが、まだはっきりしたコンセプトが固まっていない。よく言えば、お客さんと一緒になって新しく、面白いショップをつくっていくというところなので、先行きが楽しみである。

このお店のオーナーが、北海道のお土産として全国的に有名な『六花亭』のパッケージを制作する会社の社長さんなのである。誠実を絵に描いたような人で、富山の友人の紹介で何度もお会いしたが、最初にお会いしてから僕への接し方がまったく変わらないところが信用できる、というお方である。その山本社長から「お会いしてください」と紹介していただいたのが、『六花亭』の小田豊社長（当時）であった。素晴らしい方にお会いできた。お忙しいなかグッドタイミングで、とっておきの寿司店『田なべ』にてお話ができた。この歳になって新しい友人ができるとは思っていなかったが、あと何年か分からないのだが親しくできそうだ。変な言い方だが「生きていてよかった」と、旅が終わって余韻を噛み締めている。

さて手土産の話だが、決して大仰なものでなく、しかもなかなか気が利いているなぁ、という手土産はうれしいものだ。帯広に暮らす富山の友人が持って来てくれた『六花亭』の「大平原」が、まさにそんなお菓子だ。僕の事務所の若者たちに大人気である。僕もひと口食べてみるや、心を奪われてしまった。今や北海道のお土産といえば、「大平原」しか考えられない。

【岩手県・花巻】

『賢治最中本舗　末廣』の賢治最中

女優の宮沢りえさんと二人旅をした。宮沢賢治の小説『銀河鉄道の夜』を題材にしたTVのドキュメンタリー番組である。宮沢賢治のことは「雨ニモマケズ」をうろ憶えで知っている程度でほとんど知らなかった。「えーい、ままよ。なんてったってあの女優・宮沢りえさんと旅ができるんだ、神サンがくれはったご褒美なんや。二度とこんな機会はないんだぞぉ」と自分に言い聞かせ、「出演させていただきます」と、もったいぶった言い方で返事をした。

取材ということもあって、人となりを知るために宮沢賢治ゆかりの場所を訪ねた。まずは、岩手県・雫石町、岩手山を望む小岩井農場からロケが始まった。賢治が高校生の頃からこよなく愛した場所であるらしい。そして、花巻農業高校を訪ねた。賢治は、農業は芸術だと言った。農業に関わる人はアーティストとなるらしい。そのことを生徒に聞いてみる。誰もが「?」顔だった。

オシャレな賢治が
好きだったろう「最中」

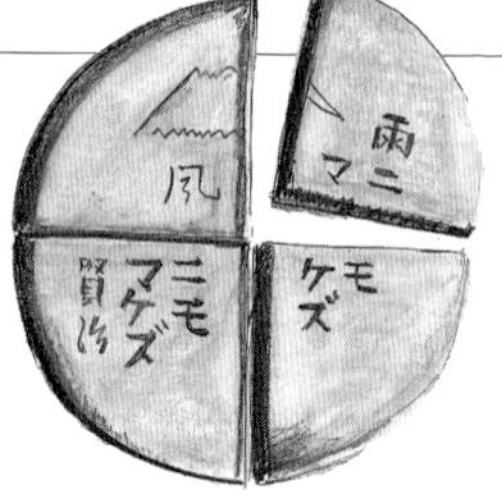

『賢治最中本舗　末廣』
岩手県花巻市大通り2丁目7-13
☎0198-21-1500(代表)
☎0198-23-2532(店舗)

賢治についてまだまだ分からないのであちらこちらへと足を運んだ。賢治が弟の宮沢清六さんとよく探検をしたイギリス海岸[*1]にも行った。この弟さんが最大の理解者だったようだ。賢治を想い、りえさんと二人で写生をしてみる。

物的証拠がいっぱいある『宮沢賢治記念館』で、賢治を理解するべくいろいろなもの（生原稿、写真、マント、楽器、絵等々）を見て、推理をするが、考えれば考えるほど分からなくなる。詩人、小説家、童話作家、地理学者、天文学者、農業指導者、音楽家、画家等々の顔が見えてくるが、ますます分からなくなってしまった。やっぱりお身内に聞くのが一番ということで、清六さんのお孫さん・宮沢和樹さんにもお会いして聞いてみる。巷間伝わる「聖人君子」的なところがある半面、お茶目で人が喜ぶことが好きな一面もあったらしい。数々の物証と噂話で実像を見極めんとするが「賢治についてひとつ分かると、ふたつ分からなくなる」というほど捕まえにくく、謎めいた存在との言い伝えにさもありなんと納得する。付け焼き刃の僕などにとってはなおさらだ。

そして旅は終わった。お土産についてのエピソードを紹介しよう。『やぶ屋 花巻総本店』なる蕎麦屋があった。宮沢賢治らしいのは、「蕎麦屋に行こう」とは言わずに「やぶ」だから英語で「ブッシュ」なので、「ブッシュに行こう」と友人たちを誘っていたらしいこと。当時、そのお店が蕎麦屋としては珍しい2階建てで、

---

*1 JR花巻駅東方約2キロにわたる北上川西岸。賢治が「イギリス海岸」と名付けた。

自転車があったので、ハイカラ好きの賢治はいたくお気に召したようだ。注文は「天ぷらそば」に「サイダー」。今考えるととてつもないミスマッチなのだが、当時はハイカラメニューの極みであった。今もそのお店は存在する。時には「最中」と「サイダー」の取り合わせもあったと推理ができる。よって今回の手土産は『賢治最中本舗 末廣』の「賢治最中」とした。

【福島県・郡山】

『かんのや』の家伝ゆべし

タクシーの運転手さん、バーのホステスさん、ゴルフ場の支配人、美術館のキュレーター、宿屋の女将……何人、いや何十人の人に聞いただろう。「この土地のお土産は、名物はなんでしょうかね?」と。

僕が出会った〝郡山の人たちの99%〟から「ゆべし」、あるいは「薄皮饅頭」という答えが返ってきた。これまでは、一度食べたことがあるお土産を選んだり、情報誌や人の噂で有名なお土産を知ったり、お土産には何らかのヒントがあったものの、今回は何の情報もなかったので、こういう質問をすることになった。圧倒的多数の答えなので、食べてみなくては話にならぬと、まず「ゆべし」を食した。うるち米をベースにつくられた、ほどよい軟らかさと品のよい甘さは、家伝の技であるようだ。これは見事に合格である。お土産は、文句なしに「ゆべし」と決定した。

『かんのや』
本社：
福島県郡山市西田町
大田字宮木田3
☎0120-040-141

今回の郡山行きは、「美術館見学」と「ゴルフプレイ」という2つの目的があった。美術館とは「CCGA現代グラフィックアートセンター」といって、福島県は須賀川市の宇津峰山麓にある（郡山市街より車で約20分）、世界にもあまり類をみないグラフィックアートの美術館である。優れた美術作品を貴重な文化遺産として、後の世代に継承しようとの趣旨で造られた。丁度『DNPグラフィックデザイン・アーカイブ収蔵品展』（数十点の僕の作品も収蔵されている）を開催中で、それを観るために来たというわけだ。

隣接して『宇津峰カントリークラブ』という風光明媚な27ホールのゴルフ場がある。このまま見過ごして帰るわけにはいかぬと、次の日は、そこで当然（？）のように、プレイに勤《いそ》しんだ。

目的である「美術館」も見たし、「ゴルフ」もできた。お土産も、この「ゆべし」に決まったことだし、ここでひとつ郡山のとっておきの美味しいところをご紹介せねばならない。手打ち蕎麦、『蕎麦彩膳 隆仙坊』である。「かき揚げせいろ」は言わずもがなの美味しさである。特筆すべきは、初体験の「そばの刺身」「揚げそばがき」の目茶目茶な旨さである。ぜひ、ぜひ機会をつくり、「美術館」「ゴルフ」に「そばの隆仙坊」。このコースを堪能していただきたい。土産は一等賞の「ゆべし」ですぞぉ。お忘れなく。

【福島県・会津若松】

『大蔵屋』の会津鰊の山椒漬

教育、道徳、精神、あるいは夢、希望など、これからの人生をいかに豊かに生きていくかを再発見するという集まりにお誘いを受けた。僕などが参加してよいのだろうかと思われるほど「志」が高く、ごくごく真面目な会である。「全会津文化祭 会津エンジン007」という。

大会名誉顧問の矢内廣さん（ぴあ株式会社の社長）のお声がかりであった。矢内さんとはかれこれ40年近くのおつき合いだ。ごく真面目なお人柄で、いろいろな分野の方々とのネットワークをお持ちなのはさすがである。東大大学院教授でアーティストの河口洋一郎さん、映画プロデューサーの高橋康夫さん、女優の三田佳子さんなど数多くの方たちが昼、夜と2日間にわたり講演をした。会津エンジン実行委員会委員長・真部正美さん以下スタッフの人たち（おそらくボランティア）が素晴らしく、会はスムーズに進行し盛り上がった（会津人のなせる業か）。

「会津鰊の山椒漬は
北前船の運んで鰊を
美味しく漬け込んで伝統
の味。
会津
鰊の
山椒漬

『大蔵屋』
飯寺店：
福島県会津若松市門田町
大字飯寺字村西113-2
☎0242-28-4015

楽しみは「夜楽《やがく》」と称する飯会である。地元の飲食店に講師陣が数名ずつに分かれ、参加者はごはんを食べながら、興味のある講師陣から話を聞くという仕様だ。昼間と違い、ざっくばらんに話し合えるので人気がある。僕は料亭『金田中』のご主人・岡副《おかぞえ》真吾さん、直木賞作家で会津の歴史ものに精通されている中村彰彦さん、写真家の森枝卓士さんとで、会津料理で有名な『田季野』でトークをした。参勤交代の大名が滞在した部屋も残る街道沿いの立派な建物だ。「輪箱飯《わっぱ》」の元祖で、会津の四季を感じる美味しいお店である。話も弾むというもんだ。『桐屋・権現亭』は会の前日に行った。会津においてまずお蕎麦の名店としてチェックしておかなければならないところだ。南会津にある居酒屋『海人山人ちょっ古蔵《こら》』には帰りがけにお邪魔した。

講演が終わり、時間を見つけて鶴ヶ城へ。NHK大河ドラマの『八重の桜』に登場したこの城を見ずして会津若松に来たとは言えない。となれば、野口英世と深い縁があった末廣酒造(新城家)の蔵も見なければならない。

名所旧跡・見どころを数珠繋ぎに紹介され、歩きながら今回のお土産を物色した。わらびの水煮、会津高田の梅の実、末廣酒蔵の練粕等々、数々あった中で、会津の代表的な郷土料理、北前船の運んだ鰊を美味しく漬け込んだ伝統の味『大蔵屋』の「会津鰊の山椒漬」に決定した。八重さんも愛してやまなかったとか?

関東

東京 名所群

東京 東京タワー

東京 上／歌舞伎座（第四期）、下／岡本太郎作のモニュメント「若い時計台」

東京 神楽坂の路地

昼寝中の猫も
サマになってる。

東京 渋谷のスクランブル交差点

東京 蒲田のお煎餅屋さん

神奈川 横浜・山下公園の氷川丸

神奈川 横浜中華街の牌楼（門）

【東京都・六本木】

『とらや』の羊羹

僕が大阪から東京へ夜汽車に乗ってやって来てから50年が過ぎるんだから、月日が経つのは早いものである。半世紀ですもんね。ナガトモケイスケのKとクロダセイタロウのKでケイツー（K２）というデザインの事務所を設立し、１９６９年に六本木に事務所を構えてずっと同じ所にいることになる。六本木通りに都電こそ走っていなかったが、首都高速ができたばかりの頃と記憶している。六本木の交差点には喫茶店『アマンド』（僕たちおのぼりさんには待ち合わせにピッタリ）がもうすでにあった。六本木の文化の旗印となっていたもう一方の交差点の角にあった『誠志堂』という本屋さんが、何らかの都合でなくなったのが残念でならない。その交差点から渋谷方向に行くと、右側に芸能界のスターさんたちがよく打ち合わせをしていた『クローバー』というお洒落な喫茶店がかつてあり、そのちょっと先に高級食料品店『明治屋』がある。これらも、もうすでにあった。

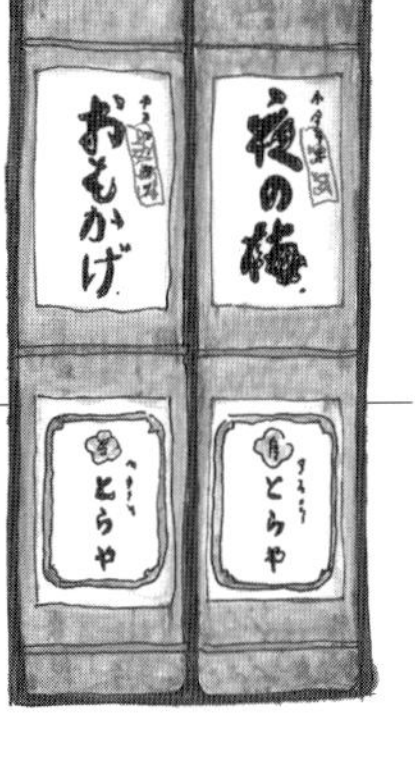

『とらや』
東京ミッドタウン店：
東京都港区赤坂９-７-４
☎０３-５４１３-３５４１

テレ朝（テレビ朝日）通りを越えて西麻布の交差点までは、おそばの『長寿庵』と中華料理の『中国飯店』ぐらいのもので、木造平屋のアパート群がひしめいていた。その一角に畳屋さん、魚屋さんがあるちょっとした横丁があった。何故かその突き当たりにホテル「六本木」というさかさくらげ（連れ込み宿のこと。もう死語ですね）が輝いていた。その畳屋さんが4階建てのビル（木造平屋群なのでそれなりに目立つ）を建てたので、そこに入居をしたというわけだ。それが今ではどうだろう。魚屋さんは流行りの「居酒屋」さんに、僕たちの事務所の大家さんでもある畳屋さんの看板は「インテリアショップ」と変わった。通りをはさんでお向かいのテレビ朝日の跡地とその周辺の木造アパート群一帯があの「六本木ヒルズ」へと変身、目を見張らんばかりの街となった。ほとんどの住民はいなくなったが、一部の人たちにとっては〝夢の楼閣〟となっている。一方、六本木の交差点から東京タワーを望むと、狸穴《まみあな》、飯倉界隈に数軒のお洒落な大人のナイトクラブ『88』であるとか『クラブしま』があった。それらに代わってビルごとセレクトショップの『アクシス』や六本木寄りのファッションビル「ロアビル」ができたことによって東京タワーへとつながった。六本木族が集った飯倉にあるイタリア料理の店『キャンティ』を忘れてはいけない。渋谷を背にして溜池方面に向かうと左側に「俳優座」という劇場があり、そこは、仲代達矢さんをはじめ日本の映画・演劇の発展に関わった数多くの役者さんたちを輩出した新劇の拠点であった。とりたてて何もなかったこの通りの先に行くと、全日空ホテル、[*1]サントリーホール等がある「アークヒルズ」という街が出現した。随分長い間、六本木の交差点から青山一丁目に抜ける道は防衛庁が陣取っていたので発展（善いのか悪いのか?）はあきらめていたのが、移転することになって、この度「東京ミッドタウン」として見事な街となって再生した。その前の道、あの2・26事件で有名な将校たちが集合したレストラン『龍土軒』があった龍土町[*2]から霞町（現西麻布）に抜けるところにアメリカの新聞『スターズ アンド ストライプス』の建物がある。その名も「星条旗通り」というが、その道中に東大の研究所があった。その跡地に東京都知事選で物議をかもしたあの世界的建築家の黒川紀章氏の手になる「国立新美術館」が登場した。

これで東西南北、タテ、ヨコ、ナナメと六本木周辺の街づくりのおおまかな概要が出来上がった。後は道幅を拡げたりといった交通網の整備がこれから始まり、目を見張る、開いた口が塞がらない、想像を絶する街となるだろう。各々方《おのおのがた》、今見ておかれるのが賢明ですぞ。

さて肝心のお土産なんですが困りましたなぁ。この新しい街に適するお土産をつらつら考えてみました。東京土産はいっぱいあるんですが、そのなかで六本木

＊1
現在は、ANAインターコンチネンタルホテル東京。

＊2
龍土町は現在の東京都港区六本木7丁目あたりにあった旧町名。龍土町にあった『龍土軒』は東京最古の西洋料理店のひとつと言われている。昭和44年に西麻布（旧布霞町）に移転し、現在も営業している。

にしぼったとしても数えきれないくらいあるんです。麻布十番『浪花家総本店』のたい焼きは尾っぽの先まで美味しい「あん」が詰まっているので有名だし、『クローバー』のケーキやクッキーもお土産品として昔から多くの人に愛されているんです。思案したところで「そうだ」と思いつきました。新しい街だからこそ老舗の伝統のもの『とらや』の羊羹です。『とらや』さんは老舗にあぐらをかかず、パリにも出店され、外国でも人気のお店なんですよ。その『とらや』さんが「東京ミッドタウン」にやって来たんです。[*3] ということで今回の六本木土産は『とらや』さんの羊羹に決定です。

---

*3
2007年3月にオープンした『とらや』の東京ミッドタウン店。店内のギャラリーでは日本文化にちなんださまざまな企画展が期間限定で開催されていて、散歩がてら立ち寄ると面白い。

【東京都・銀座】

『銀座 寿司幸本店』の太巻

僕が初めて「銀座」という場所に足を踏み入れたのは昭和34年（1959年）である。銀座といっても、ちょっと西側の「有楽町」であった。まだまだ戦後の匂いが、ちょっとした横町やガード下には漂っていた。

『君の名は』という超メガヒットのラジオドラマがあり、これは僕が小学生の時で、この放送が始まると銭湯が（当時、家風呂がなかった）ガラ空きになったほどだ。〝真知子巻き〟というマフラーの巻き方が流行した。女優・岸恵子さんと、中井貴一さんのお父さんである佐田啓二さんのお二人の主演で映画にもなった。

当時、モダンジャズが大ブームで、有楽町にはジャズ喫茶の『ママ』という名店があった。大阪出身の僕は、大阪にはない文化を感じた。数々のレビューでヒットを飛ばした「日劇」[*1]があった。その5階に『日劇ミュージックホール』という名門のストリップティーズの劇場があり、顔を赤らめてチケットを買った記憶が

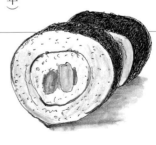

『銀座 寿司幸本店』
東京都中央区銀座6-3-8
☎03-3571-1968

*1 現在は、TOHOシネマズ日劇。

ある。

腰が引けてなかなか足を踏み入れることができなかったんだが、4丁目から8丁目の華やかなネオン街には、ものスゴイ憧れがあった。大きくなったらあそこでお酒を飲んでみたいと、心底思ったもんだ。石原裕次郎、勝新太郎、小林旭、梅宮辰夫、山城新伍といった俳優さん、歌舞伎の役者さん、芸能界の面々などで、連日連夜の賑わいだった。

朝日新聞社、文藝春秋があったので、マスコミの人たちや、丹羽文雄、源氏鶏太、獅子文六といった昭和の文豪たち、政財界の数多《あまた》の有名人、著名人が闊歩していた。小説『おそめ』を読めば、当時の模様がよくわかる。あの白洲次郎も出入りしていたんですぞ。銀座は〝男の花道〟と思い込んでいた。

就職先が三原橋にある『日本デザインセンター』だったもんで、積年の思いを晴らすべく、後年、一気に飲み屋のクラブ活動が始まった。だから、僕の銀座通いも、半世紀にわたる。

初めての給料の時は、神棚に供えるべく（昔はこんなことしたんですよ）いくばくかを大阪の両親に送り、残りで、今はなくなった『オリンピック』というレストランで血の滴るビーフステーキを食べたんです。

次の日はやはり伝説の名店『資生堂パーラー』でチキンライスと海老フライを

食べました。これがめちゃめちゃイケるんです。『千疋屋』のハンバーグもいただきましたわ。なにしろ初任給はそれぐらいで終わってしまいます。

ネオン煌《きら》めくクラブとは到底無縁でした。銀座に勤めて給料を貰ったら『銀座英國屋』のダッフルコートを買うのも夢でした。当時のフランス映画、ヌーヴェルヴァーグの男優ロベール・オッセンが着ていたんですよ。銀座4丁目の『服部時計店』*2でリストウォッチを買う。『小松ストアー』という、今でいうセレクトショップがお洒落で、ガールフレンドができたら、ここで買おうとか、たわいもない数々の夢がありました。

それが僕にとっての贅沢だったんです。これは、今もまだまだ続いておりますがね。

大阪から東京に出てくる時に、親から言われました。

「〝天ぷら〟と〝寿司〟は江戸のもんや、しっかり食べて〝勉強しいや〟」と。

今月の手土産は意表をついて『銀座 寿司幸本店』の太巻です。これも、僕の大切な銀座の味です。

＊2 現在はこの建物、『和光』銀座本店となっている。銀座四丁目の交差点、銀座のランドマークとして知られる。

【東京都・五反田】

『進世堂』の江戸みやげ

「江戸みやげ」というこのコラムにドンピシャリな名前のお土産がある。中身はいわゆる〝吹き寄せ（詰め合わせ）〟となっている。えびせん、あられ、品川巻き、おかき……、煎餅、あられの集合体である。

こちらのお店は明治初期に東京・築地入船町（現在の中央区明石町付近）で立ち上げられたそうだ。今のご主人で6代目となる。現在は品川区西五反田に店があり、その名を『進世堂《しんせいどう》』という。

25年以上前に、先鋭的なお花の先生・栗崎昇さんからお土産にいただいた。こだわりの栗崎さんの〝これぞ〟というお土産は、たしかに美味しいものだった。僕はそれ以来、コレにはまっている。自分で食べる分は当然として、中元、歳暮、法事にと「江戸みやげ」が我が家では大活躍だ。〝なにはともあれ〟という際のお土産はコレと決めている。

『進世堂』
東京都品川区西五反田7-8-10
☎03-3491-3092

煎餅は新潟・上越の棚田で作った「コシヒカリ」に秘伝の醤油、えびせんのエビは、タカツメエビやアカエビなど甘味の深いエビを使っているそうだ。でも、なんといってもこだわりはお米だ。あの〝スパルタ農法〟で知られる永田農法で作られているとお聞きした。これだけ素材にこだわり、手間隙を惜しまず作った煎餅が不味《まず》いわけがない。これまでもいろいろな方々にお送りしたが、大好評である。リピーターとして、直接、お店に頼まれている方もいるようだ。

ちなみに「江戸みやげ」というネーミングは、大正10年に商標登録を取られたらしい。でないと、今時はこの普通名詞の名前は商品名としては不許可となるはずだ。初代に〝先見の明〟があったということですな。

僕が大阪から東京に出てきて50年以上になる。およそ半世紀だ。品川に移り住んでからは約35年である。そんなに住んでいたら普通は、なんだか〝周りが見えなくなってくる〟ものだ。

ところが15年ほど前から毎朝、散歩をしていてわかったことがある。朝の散歩、通称「アササン」としてウォーキングをやり始めて、品川、大崎、五反田、白金、目黒、高輪、銀座、渋谷……と歩き回っている。そうしたら、いろいろなものを発見することができるようになった。散歩がこれほどいいものだとは思わなかった。身体の調子もよくなること請け合いだ。

アササンの途中で初めて見つけた、北品川から始まる「旧東海道の街並み」は当時を彷彿させる。川島雄三監督の名作映画『幕末太陽傳』(昭和32年[1957年]、日活)で江戸時代の品川宿を知った。「東海道五十三次」の最初の宿である。今でも道幅が当時と変わらず、「日本橋より二里」という道標があったりして、当時の賑わいを偲ばせる。東海七福神の大黒天がある品川神社には富士塚があり、〝ミニ富士登山〟ができる。

品川駅には高輪口と港南口がある。ここでは新しい街と古い街が交差している。「このあたりは海沿いの街であったなぁ」と思わせる神社や鯨塚を見て往事を知る。発見に事欠かない。

そんな最近愛着の湧いてきた品川界隈を紹介しなければと思い立ち、今回は東京・品川、むろんお土産もいろいろある中で「江戸みやげ」に絞った。さて、お気に召されるかな。

【東京都・新宿】

『新宿中村屋』のカリー缶詰

一ヶ月の間、毎日インドカリーで過ごした事もある
INDIAN CURRY

『新宿中村屋』のカリー缶詰を新宿の〝おいしい手土産〟としたい。東京で食べたカレーの中で「美味しい」と思った最初のものだからである。このカレーの缶詰の中には新宿での数々の思い出が、いろいろな想いとともに詰まっている。

大阪から上京していろいろと居場所を探した結果、新宿が一番性に合っているというか落ち着いて、自分の居場所となった。新宿を中心に学校に行ったり、飯を食ったり、遊んだり、ちょっとした喧嘩に参加したり、仕送りを使い果たしてはバイトをしたりと明け暮れた。1960年代の初頭だ。

『キーヨ』『汀《なぎさ》』『ヨット』『木馬』……モダンジャズ喫茶の全盛期であった。ガンガンと耳をつんざく、ボリュームを全開にした音に、客はトランス状態となった。「これが文化かぁ」と思わされ、強烈な洗礼を受けた。店内で空気の読めない友人同士、大声で語り合おうものなら、口元に人差し指をあてがいながらの「シーッ」

『新宿中村屋』
☎0120-370-293
（お客様サービスセンター）
スイーツ&デリカ Bonna（ボンナ）
新宿中村屋：
東京都新宿区新宿3-26-13
新宿中村屋ビル地下1階
☎03-5362-7507

というジェスチャーを受け、一斉に皆からの視線が吹き矢のように突き刺さった。ひとりでエアドラム、エアギター、エアベースに勤《いそ》しんでいるストイックな（おたくっぽい）客ばかりだった。

60年、70年の安保闘争がある種のエポックとなった。ノンポリといわれている学生時代を過ごした僕でさえ、なんだか胸騒ぎを憶えた時代だ。若者たちは「ゴールデン街」に集まった。過激に走った。いっぱしに酒を憶えた。飲んで、飲んで、朝まで飲んだ。

アングラ演劇を主としてあらゆる文化が芽吹き始めた。ワクワク、ドキドキする時代でもあった。パリでは、「五月革命」が、アメリカでは「サイケデリック」というムーブメントが始まり、『平凡パンチ』（平凡出版）というサブカルの雑誌がいち早くその状況を紹介した。映画、演劇、音楽、アート、デザイン、あらゆる分野が様変わりしようとうごめいていた。

あれから50年以上が経った。今は黒田征太郎（イラストレーター）を相棒としてデザインの世界に身を置いている。先日、新宿に用（治療院）があり、街を散策しながら昔のことを思い出していた。

現代の東京に生きているということ自体、無理な生活を知らず知らずのうちに強いられていることになる。僕には関係ないと思っていてもこれは立派な「ストレス」だ。

健康維持のための予防医学としてお世話になっている鍼の先生いわく、「身体の不調を解消することで気持ちが前向きになる」。まずは「解消」のためにカレーをお薦めする。

【東京都・神楽坂】

『五十番』の肉まん

先日、あるパーティで「肉まん」を頂く機会があった。素直に美味しかった。大阪から東京に出てきて戸惑ったことがある。それは「豚まん」が「肉まん」として流通していたことだ。見かけはまったく同じなので「肉まん」だと思って食べたら「豚まん」だったから、微妙な戸惑いの「?」があった。大阪では肉といえば、豚肉でも鳥肉でもなく、牛肉のことを指している。だから「肉まん」は牛肉でなくてはならない、とつまらないこだわりがある。それからというもの、東京ではあまり「肉まん」(豚まん)は僕の口に入る機会がなくなった。

先日のパーティで一挙にその小さなこだわりが覆った。美味しければ「牛肉」でも「豚肉」でもいいではないかと、「肉まん」を許したのだ。食べた「肉まん」の出どころを調べたところ、神楽坂『五十番』だと分かった。早速買い求めるために出向いたというわけだ。

『五十番 神楽坂本店』
東京都新宿区神楽坂4-3
近江屋ビル1階
☎03-3260-0066

大阪では「蓬莱」東京では「五十番」ですよ.

大阪生まれの僕ではあるが、神楽坂といえば勝手知ったる所だ。お任せいただきたい。まず名前が気に入っている。東京には人形町、門前仲町、八丁堀……と昔ながらの地名が残されていて、名前に風情がある。温故知新だ。古い街をそぞろ歩くと、故《ふる》きを温《たず》ねて新しきを知ることが多い。神楽坂もそうだ。

神楽坂を歩くなら、毘沙門天（善國寺）でまずお詣りをする。その門前に例の「肉まん」の『五十番』がある。*1 毘沙門さんの裏手に回ると日本料理『石かわ』がある。今や超人気のミシュラン3ツ星のお店だが、まだ星を取る前から通っていたお馴染みである。

友人の建築家・広谷純弘さんがお店の設計をされた関係で通うことになったのだが、ミシュランの調査員もなかなかお目が高い。『石かわ』が3ツ星を得たことで、さすがミシュランと信用したほどだ。大将の人柄、従業員の接客、お店のデザインが三位一体となって「石かわの味」を形成している。系列の『虎白』『蓮』とともに贔屓《ひいき》にさせてもらっている。どこも負けず劣らず美味しいお店だ。

ブログ友達の美人女将の店、ちゃんこ『琴乃冨士』も美味しい。この店でちゃんこのイメージが変わった。鍋の後の仕上げのラーメンが抜群である。

お寿司、焼き鳥、居酒屋、カフェ……と数々の名店、老舗がこの街にはある。また、皇居の外堀に浮かぶ創業1918年（大正7年）の「東京水上倶楽部」に

*1 2016年3月に現在の場所に移転。

オープンした『カナルカフェ』は、神楽坂の新しい顔となっている。

外堀通りの「坂下」から大久保通りに至る「坂上」がメインの神楽坂だ。何通りかの横丁が左右にあり、それらにあるお店が風情を醸し出している。

伊集院静さんや野坂昭如さんなど、作家の方々の手による玉稿の数々が生まれた旅館『和可菜』もこの街にある。

芸者さんたちが行き来して、艶っぽい三味線の音色も聞こえてくるし、最近ではカフェやフレンチレストランも多いことから、「プチ・パリ」などとも呼ばれたりもしていて、和洋混在が素晴らしく、街の色ともなっている。大好きな街だ。

【東京都・蒲田】

『風間商店』のお煎餅

おいしい手土産を探していたら、縁あって風間キヨノさんと出会うことができた。キヨノさんは81歳（2014年取材当時）になられたそうである。蒲田の「キネマ通り商店街」*1にある、どこにでもあるようなお煎餅屋さん『風間商店』だ。お店には所狭しとお煎餅が並んでいる(当たり前だ)。驚いたことにその90％はキヨノおばあちゃんが炭火で焼いておられるとのことである。お米と炭にこだわり60年が経った。キヨノさんは10代の初めに、あるお煎餅屋さんに奉公に行き修業を積んだ。23歳にして蒲田の風間家にお嫁に来られた、とのことである。まさしくこの道一筋の超熟練の職人さんである。

キヨノおばあちゃんの焼くお煎餅は、このこだわりだ、不味いわけがない。実に美味しい味が出ている、一等賞のお煎餅である。お煎餅ってこんなに美味しいものだったのだと改めて実感した。これぞ日本が世界に誇る食べ物だ。世界遺産

『風間商店』
東京都大田区東蒲田2丁目26-1
☎03-3731-0303

＊1
「キネマ通り商店街」は京急蒲田駅の北側、第一京浜を渡ってすぐのところにある。かつてこの商店街の近くには「松竹キネマ蒲田撮影所」があり、俳優や映画人が住む、華やかで活気あふれた「映画の街」だった。

ものと言っても言い過ぎじゃないだろう。

毎日同じように家事をし、お煎餅を焼く、それこそ十年一日のごとくの生活だ。「無理をするな、素直であれ」という種田山頭火の言葉が脳裏を過《よぎ》る。このたまらなく美味しいお煎餅はこうして完成しているのだ。よってここに風間キヨノさんへ大田区民賞（そんなものがあるのか？）を授与したい（もちろん僕の勝手だが）[*2]。いや、そんなものじゃない、東京都民賞か、国民栄誉賞だろう。まてよ、この道一筋なんだから黄綬褒章がいいかも、まだまだ人間国宝という手もある……と、夢は大きく膨らんでくる。お断りしておくがキヨノおばあちゃまは、これっぽっちもそんなことを思っておられるわけではない。あくまでも勝手な僕の妄想だ。それほどにこの手焼き煎餅に魅せられたということである。

このところ僕は蒲田の街に嵌《はま》っている。日本工学院の顧問をしている関係で、月に一度はこの地に来ているのだが、毎回新しい発見がある。『風間商店』がある「キネマ通り商店街」という名からわかるように、蒲田は戦前、松竹映画の拠点として有名な街であった。ＮＨＫのドラマの『梅ちゃん先生』で全国区になったが、つかこうへいの『蒲田行進曲』でもその名は知れ渡った。

思いつくままに記してみると、ロケットに始まる様々な工業製品の部品を作る町工場がある。先日、オリンピック仕様のボブスレーが作られたと新聞で知った。

＊2
大田区の特徴ある商品・商店や優れた技術でモノづくりに携わる職人・企業など、大田区の魅力が一堂に会するイベント「おおた商い観光展 ２０１４」で、「平成26年度 おおたの逸品」に選出され、大田区長から表彰されたそうだ。素晴らしい！

黒湯の温泉がある。少し蒲田から離れるが、池上本門寺もある。食べもの屋さんでは、うなぎの『寿々㐂《すずき》』、居酒屋・食事処の『三州屋本店』、羽根付き餃子が美味しい中華料理の『金春《こんぱる》』、鶏のから揚げ（素揚げ）の『うえ山』等々、目白押しだ。昭和・東京の「ふるさと」がある。この街も様変わりするだろうが、この空気感を残す都市計画がなされてほしい。『風間商店』の灯を消さないようにお願いしたい。

【東京都・日本橋】

『サカナの中勢以』のお肉の佃煮

このところ、東京はかなりの変貌を遂げている。東京オリンピックが開催されることになり、なお一層そのスピードが増してきた。約50年前の東京オリンピック（僕が学校を卒業し、就職した年である）の時もそうだったが、土の道であったところが一夜明けたらアスファルトになり、高速道路に様変わりしていた状態と何だか似ている。先日も新橋辺りを散歩していて驚いたのは、幅の狭かった道がマッカーサー道路[*1]（なんと古いネーミングだこと）という名のもとに環状2号線につながる広い道になっていた。東京は、気がついたらニューヨーク、シンガポール、香港の「摩天楼」を凌ぐ景観となっているのだろう。

近年で一番変わったであろう街のひとつ、日本橋を散策してみた。大型観光バスが列をなしている。かつての日本人観光客がそうであったように、外国からのお客さんが両手に買い物袋を提げ、行き交っている図は壮観だ。

『サカナの中勢以』
東京都中央区日本橋室町2-3-1 コレド室町2 B1
☎03-6262-3232

＊1
マッカーサー道路とは、正式には「東京都市計画道路幹線街路環状第2号線」の一部。連合国軍総司令部（GHQ）のマッカーサー元帥にちなみ、「マッカーサー道路」と呼ばれるようになった。

さて、東京を語る壮大な「都市論」になろうかという話が突然食べ物の話に変わって恐縮だが、日本橋の「コレド室町2」の『サカナの中勢以《なかせい》』なるお肉屋さんのハンバーグの食べ方がいかにも新しい東京だと納得したので、お話ししたい。

素晴らしいハンバーグに出会えた。たかがハンバーグだけれど、されどハンバーグといったところだ。お客さんの気分をていねいに感じ取り、具現化する東京の、いや日本の接客術「お・も・て・な・し」の真髄である。ハンバーグのオーダーメイド「オートクチュール」といったところだ。

その日によって違うらしいのだが、この日は、熟成牛肉粗挽き、熟成牛肉2度挽肉、熟成豚肉100％の3種類を目の前に出され、料理人から「歯ごたえがあり力強い味わい」「なめらかでふわっとした食感」「ジューシーでさっぱりとライト感がある」との説明を受け、それぞれをミックスするのか、または単品で食べるのかと、客と料理人のコミュニケーションから始まるのだ。

具材のほうも卵黄・卵白、パン粉、玉ねぎ、マッシュルーム……の10種類ほどがあり、それらもチョイスしながら（全部入れてもよい）銀のボウルで捏ねてくれるというわけだ。ソースも「和風」あり「洋風」ありの10種類、まさしく江戸前のお寿司のごとく、一人一人の食べたいハンバーグを食することができるのだ。いやはや感動した。

もちろんお土産はその店頭のショーウィンドウにある熟成ものの「お肉の佃煮」[*2]とした。滅法旨い、お酒好きの方に喜ばれること請け合いだ。白いご飯に載っけて食べるもよしである。『サカナの中勢以』の土産には「サカナ」とタグが付いている。肉屋さんなのに「サカナ」とはこれいかに、と尋ねてみたら「酒の肴にお肉を……」のサカナの意味であった。納得。

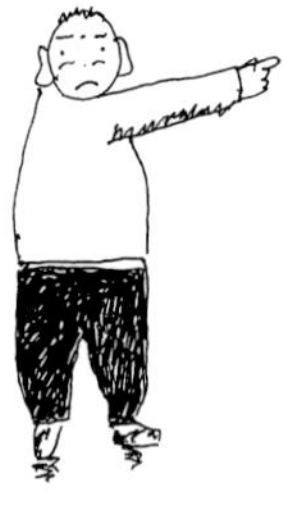

*2
「お肉の佃煮」のお取り扱いは、コレド室町のなかにある『サカナの中勢以』のみ。詳細はお店にお問い合わせを。

【東京都・渋谷】

『渋谷西村フルーツ&パーラー』の詰め合わせ

渋谷の老舗『渋谷西村フルーツ&パーラー』の2階で、名物の「フルーツポンチ」をテーブルのかたわらに置き、スクランブル交差点のにぎわいを眺めていたら、いろいろな思い出が錯綜した。

まずは、今は「公園通り」と呼ばれている渋谷区役所前の坂道を、当時存在した「ワシントンハイツ」（今のＮＨＫあたり）に向かって上りきったところに専門学校『桑沢デザイン研究所』があるが、僕はそこの生徒であった。もちろん「スクランブル交差点」も『パルコ』もない時代のことで、普通の坂道である。それが通学路であった。

50年以上前のことだ。「デザイン」の「デ」の字も知らない、ハタチ前の自分を昨日のように思い出していた。学校のバルコニーの前が、途方もない広さの芝生が敷き詰められた住宅地（在日米軍施設）であったが、当時の住宅事情からすれ

ジャム、クッキー、ゼリー etc
「渋谷西村フルーツ&パーラー」の
夢の詰め合わせだ。

『渋谷西村フルーツ&パーラー』
東京都渋谷区宇田川町22-2
☎03-3476-2001
（1F：フルーツ）
☎03-3476-2002
（2F：フルーツパーラー）

ば夢のような生活空間である。デザインという言葉がピッタリ当てはまる「ワシントンハイツ」を見ながら彼の国に思いを巡らせていた。

「恋文横丁」という一角が道玄坂にあった。アメリカの兵隊さんへの恋文を英語で代筆するお店が何軒も集まっていたことから名づけられたようだ。英語の雑誌やレコードなどが、アメリカの古着、ジーパンとともに売られているお店が何軒もあり、『ライフ』『エスクァイア』『プレイボーイ』など、読むことはできないがビジュアルが楽しく、綺麗な雑誌をよく買いに行ったものだ。なぜかそこには庶民的な中華料理屋さんが集中していたので、学生、若いサラリーマンたちに人気があった。台湾料理『麗郷』は当時の名残の店として今も健在である。

横丁を通り抜けていくと「百軒店」があり、『オスカー』『ありんこ』など、当時若者たちに支持されたジャズ喫茶が数多くあった。百軒店では、今も営業している『ムルギー』のカレーが目茶うまい。

スクランブル交差点の横、ガード下沿いに「のんべい横丁」があり、その名のとおり居酒屋群がひしめいている。

先日、高田延彦・向井亜紀さんご夫婦に、この「のんべい横丁」にある『鳥福』というやきとり屋さんにお連れいただいた。食通のご夫婦のご紹介だけに、さすがに美味しかった。

学生の身分ではとうてい足を向けることはできなかったお店『二葉亭』で、初めて洋食なるものを頂いたのも思い出だ。緊張したことを憶えている。『渋谷西村フルーツ&パーラー』は、当時は高嶺の花でなかなか出入りできなかったが、大阪からの仕送りが入った際に、ここで何度かガールフレンドと逢瀬を楽しんだ。

何もなかったこの通りが、『西武百貨店』や『パルコ』ができ、「公園通り」と呼ばれるようになり、若者文化の発祥の地と様変わりしていったのだ。「我が青春の渋谷地図」だ。舌足らずではあるが一部紹介した。

手土産は、思い出がいっぱい詰まった、甘くほろ苦い「渋谷西村の詰め合わせ*1」としたい。

＊1 「詰め合わせ」の内容は、クッキー、ゼリー、ジャムなど6種類のものを、お好みで組み合わせられる。お買い求めは1階のフルーツ売り場へ。

【神奈川県・横浜】

『奇珍』のシュウマイ

山口洋子作詞、平尾昌晃作曲、歌・五木ひろしさんの楽曲『よこはま・たそがれ』が巷に流れ始めたころ、あれは1971年頃だったのか？　僕が無謀にも日本テレビの「11PM」[*1]という番組に出演したことがあります。いやあまりに刺激的だったものだから、記憶としても局地的にではあるが、一部の人たちの脳裏に否応なく刻み込まれている、と聞いている。

「11PM」といえば深夜から始まる、今風に言うならば「チョイ悪おやじ」が作る「チョイ悪おやじ」のための大人のエンターテインメント番組だった。何がどう間違ったのか、グラフィックデザイナーの僕に、この『よこはま・たそがれ』のプロモーションテレビの出演依頼が飛び込んできた。

何のことかまったく理解しないまま、「いいですよ」と生半可な返事をしていたら「撮影は浅井慎平さんです。振り付けはピーターさんからOKいただきました」

中華街よりちょっと離れた麦田町にある「奇珍」は大正7年に本牧に出来たものらしい。古いなぁ。

『奇珍』
神奈川県横浜市中区麦田町2-44
☎045-641-4994

＊1
正式名は『WIDE SHOW 11PM』、略称は「イレブン」。「イレピー」とも。日本テレビと読売テレビ（当時は「よみうりテレビ」）の交互制作で1965年11月〜1990年3月末まで約24年半にわたって放送されていた深夜番組であり、日本初の深夜のワイド・ショー。

とバタバタと決まっていく。

浅井愼平さんは、そのころ売り出し中の人気写真家さん。僕としては知らない人でもないので安心していると、振り付けはピーターさんというではありませんか？　振り付けということは、私が踊るんですかぁ、「聞いてへんでぇ」とわめき叫んでも誰も聞いてくれるわけもありません。じつは「先夜、ゴールデン街ですべてOKをいただいています」との返事。己の不徳のいたすところ。腹をくくって二日酔いの頭をかかえながら横浜へと参りました。

到着と同時に、すかさずスタイリストさんからスカイブルーのラメ入りジャケットと白いエナメルのクツが差し出され、「ハイッ、メークさん、ナガトモさんにアイシャドウ、濃い目にヨロシク」。「何がヨロシクや」とつぶやくが、ディレクターは容赦なく右から左へと指示をする。

ディレクターの合図で五木さんの歌が流れる。

僕は口をパクパクしながら、ピーターさんの振り付けどおりに踊り出した。横浜駅前のラッシュの時。行き交う人たちが、怪訝な顔で立ち止まっていた。

このころになると「まな板の鯉」ですわ。度胸が据わった。駅前から山下公園、グランドホテル[*2]、港の見える丘公園、外国人墓地、フェリス女学院の前、元町、中華街と横浜縦断ロケを遂行した。それぞれの場所で口パク、と踊りである。

＊2　現在は、ホテルニューグランド。

残念ながらフィルムの時代でVTRがなく、消滅してしまったので今となっては幻の名作です。

そんな思い出を掘り返していたら、お誘いをいただき、久しぶりに横浜へやって参りました。撮影を懐かしみながら、ひとわたりそれぞれの場所を訪ねて行き、元町のあの老舗『フクゾー』さんに落ち着いた。

僕が東京に上京した頃、最初に憧れのトレーナーを買いに行ったところがいわゆる洋品店の『フクゾー』だったのだ。感慨ひとしおである。現社長の森本珠水さんとお会いし、こんなことあんなことの懐かしい話に花を咲かせた。その後、地元の森本さんの紹介で念願の中華街に行った。さすが、美味しゅうございました。

さてお土産、懐かしい話にかまけて肝心のお土産を忘れていた。なんたって忘れてはイケナイのは、ヨコハマといえば中華料理、中華の飲茶といえば「シュウマイ」ですね。シュウマイといえば『奇珍』となる。『奇珍』のシュウマイ、ぜひ、ぜひお試しあれ。

【東京都・銀座】

『空也』の空也もなか

僕が大阪から東京へ来た時にまず足を運んだところといえば「銀座」である。なんてったって全国いたるところに「ナントカ銀座」が主要な位置を占めている。もちろん大阪にもあったが、やはり東京の「銀座」は本家である。

現在は、当然のことだが随分と変貌はしている。あの頃は路面電車（都電）が交通の主流であった。銀座４丁目ではＭＰ（進駐軍の兵隊さん）が交通整理をしていた。今では「日本の老舗」とともに海外ブランドが軒を連ねている。国内、海外の観光客で銀座通りは大賑わいだ。パリのサントノーレ通り、ロンドンのオールド・ボンド・ストリート、ニューヨークの五番街と見間違うほどである。この銀座４丁目の交差点を挟んで在る贔屓の食べもの屋さんを紹介したい。

まずは『竹葉亭』*1である。「うなぎの『竹葉亭』」なので基本はうなぎだが、幕の内弁当もあれば、旬のものの小皿、小鉢なども素晴らしい。とりわけ鯛茶漬け

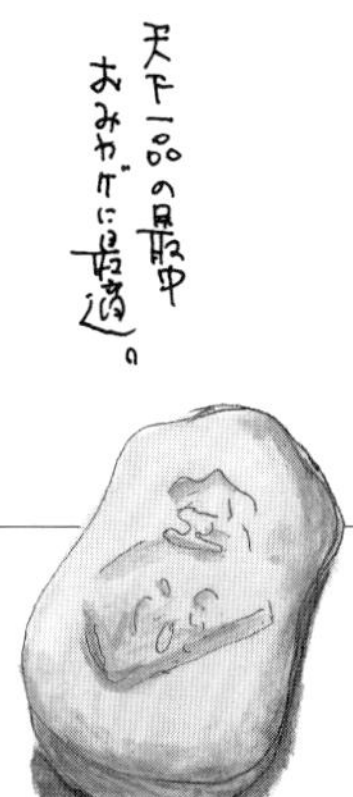

『空也』
東京都中央区銀座６丁目７-19
☎０３-３５７１-３３０４

＊1 『竹葉亭』は、繁忙時には人々が行列をなしているので、訪れる時間帯には要注意だ。僕の場合、お昼なら11時半頃、夕方では5時半までに入店するようにしている。

が秀逸だ。僕は必ずこれでスタートをする。

『竹葉亭』からほど近いパンの『銀座木村家』の2階にカフェがある。エッセイストの平松洋子さんの本で知ったのだが、ここの小海老のカツレツサンドにグッとくる。4丁目の賑わいを窓から眺めながらのカフェオレとグリーンサラダをお供にするサンドウィッチは、1週間の疲れを癒してくれること請け合いだ。このところこの2店にはまっている。

ちょっとお休みするところでは『とらや』『銀座 鹿乃子』があるが、僕の行きつけに『ギンザコマツ』西館7階の『コマツバー』が新しく参入した。『資生堂パーラー』にも随分とお世話になった。老舗のタウン誌『銀座百点』に連載していたこともあって、この小冊子を頼りにあちらこちら銀ぶらをするのが好きだ。

最近、いろいろな商売の激戦区の銀座で、新たに2つのお店が誕生した。8丁目に『鮨まさの』(併設のバーがなかなかの優れものだ)が、1丁目に『赤道倶楽部』(会員制バー&レスラン)ができた。この2店も稀代の(またはけったいな)お店だ。酒話のタネにおすすめしたい。

銀座案内で終わってしまったが、自信を持ってお贈りする銀座土産は『空也』の最中をおいて考えられないと思う。よって今回は土産中の土産。有無を言わさずこれと決めた。

【東京都・築地】

『丸武』の玉子焼

僕が上京して最初に就職した場所が憧れの銀座・三原橋だった。晴海通りをまっすぐ、「築地市場」を右手に見ながら橋を渡ると、その先の晴海埠頭に世界的建築家の前川國男さんの設計による公団住宅があり、僕はそこに下宿をしていたのだ。これからの住宅はこうなるだろうというモデルのようなものだった。

渋滞でも有名な晴海通りの近くだ。しばしば、出勤・退社するのに、歩いたほうが早い時があった。好奇心の塊である僕は、歩きながら築地市場の場内によく潜り込んだものです。ある種の探検である。場内で元気に働く人たちが、仕事の合間に食事をしたり、お茶を飲んだりしている活気ある場所に、邪魔をしてはいけないと、恐る恐る同席させてもらっていたのだ。

初任給9000円の新人社員にしてみれば天国のような食事事情だ。寿司、天ぷら、親子丼、洋食に甘味処。何でもあった。先日、僕が旅の設計家として常々

『玉子焼 丸武』
東京都中央区築地4丁目10-10
☎03-3542-1919

畏敬の念をはらっているSさんから、その憧れの築地市場場内に「最高に美味しいお鮨を食べに行きませんか」とお誘いを受けました。ほぼ50年振りの場内。しかも、お世話になった食堂街だ。「行きまぁーす」と叫んだ。

僕が探検していた場所は、今では「魚がし横丁」と名がついて大繁盛していた。物販は、青果、妻物、鰹節、玉子焼き、乾物・珍味・食料品から缶詰まである。日用品に、ハカリ、レジスター、刃物、衣料品まで取り揃えてある。なんと、切手・印紙の類まである。ちょっとしたお店ならここを一周すればできてしまうほどだ。それにプラスして飲食店。以前と比べて素晴らしく拡大したもんです。昔と違って今は外国人から全国各地の観光客まで観光バスで大量にやってくる一大テーマパークと化している。だから、いつ来ても、どこも長蛇の列なのだ。

なかでも、目指す『大和寿司《だいわすし》』は、早朝から列が途切れたことがない。ネタの鮮度は抜群だし、親爺さんはカウンター越しにウンチクと抜群の話術を展開してくれる。少々並んだって苦にならない。僕たちも何とかかんとか席に着くことができ、ダブルのコースでいかしてもらった。

ということで、「魚がし横丁」は〝おいしい手土産〟だらけなのである。あれもこれもと迷いに迷って、ズバリ！　お茶の間のカリスマ的人気者、テリー伊藤さんのご実家である『丸武』の「玉子焼」と決めた。決定、星3ツです。

中部

山梨 甲府市内からの富士山

岐阜 高山祭の屋台

石川 金沢の近江町市場

あまりにも有名な
「貫一とお宮」の像。

静岡 熱海温泉

愛知 名古屋城

お城フェチの僕としてはシャチホコで有名な名古屋城を
チェックしない…わけにはいきませんよね。市民に愛されているのが良い…

新潟 新潟市街を流れる信濃川

【富山県・富山】

『源』のますのいぶしすし

決して大きなプロジェクトではないのだが、ユニークなコンペティションとワークショップが富山市の大山という地域で毎年夏の終わりに開かれている。「LIVING ART in OHYAMA」という。小学生を対象に「木でできた冒険道具」というテーマでデザインスケッチを公募するのだが、面白いもの、楽しいもの、とんでもないアイディアが出てくる。児童たちは才能豊かだ。このまま大人になってもらいたいと切に願う。その中から12の優秀賞のデザインスケッチを12名の選抜された大学生が具現化するのである。今年（2010年）で4回目となるが、こんなコンペティションは世界にも類がないだろう。もっともっと広まってほしいものだと期待するのだが、なかなかそうもいかない。

夏休み気分も手伝い、この会が終了すると界隈を散策することにしている。会場より車で小一時間のところに、チューリップで有名な市がある。南砺市立福光

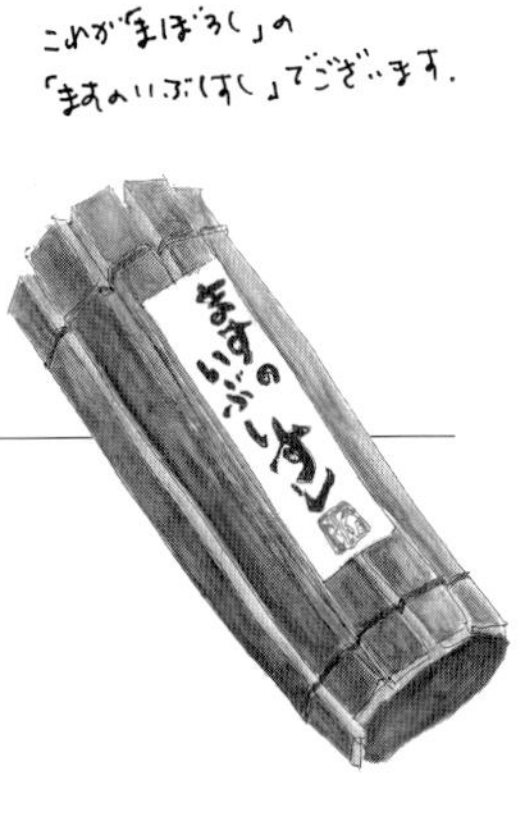
これが「まぼろし」の
「ますのいぶしすし」でございます.
ますのいぶしすし

『源』
☎0120-29-3104
源 ますのすしミュージアム：
富山県富山市南央町37-6
☎076-429-7400
ますのすし本舗
富山インター店：
富山県富山市上袋606-1-2
☎076-422-2148

美術館に行く。一時、この福光に逗留していたことがあり、ここを第二の故郷としていた棟方志功の展覧会がちょうど開かれているのを知り、プロデューサーのNくんにつき合ってもらった。瀟洒《しょうしゃ》な建物の美術館であるが、棟方の版画のエネルギーが圧倒的であった。地方の美術館は人が少なく、落ち着いて観られるので気持ちよいですね。旅をすると、できるだけ時間をつくり、その土地の美術館に立ち寄るようにしているのである。

今回は本の装丁が数多く展示されていた。仕事柄、装丁にかかわる者として、大変興味深く見た。脂の乗り切った谷崎潤一郎との作品『夢の浮橋』『瘋癲《ふうてん》老人日記』『鍵』の装丁が僕の目には群を抜いて優れているように見えた。

富山といえば富山湾。豊富な海鮮ものが連想される。食べることも大いなる楽しみのひとつである。今宵は地元有力紙、北日本新聞のKさんのおすすめで、「富山湾は『五万石』の生け簀です」と言い切る潔いお店『五万石 本店』にご案内いただいた。このお店は東京の支店にも何度かお邪魔している老舗だ。親爺さん、女将さんの立ち居振る舞いが弟子、現場に伝わり、お客さんを気持ちよくさせてくれる。これは味にもかなりの影響を及ぼしていることだろう。

今回特筆すべきことは、大岩山・日石寺にて滝に打たれたこと。霊験あらたかな滝修行である。夏休みということもあってTシャツ、短パンの簡便さでお許しを得た。なかなか身が引き締まる思いの滝修行であった。

滝行の後のNさんおすすめの昼飯は、日石寺の隣にある旅館『だんごや』の、富山の清流で洗われた「ソーメン」だ。その美味しさは忘れられないこの夏の思い出だ。

富山といえば「ますのすし」で決まりであるが、今回のお土産は鱒は鱒でも一日30食限定もの、幻の「ますのいぶしすし」だ。創業100余年『源』のとっておきの品である。

【石川県・金沢】

『諸江屋』の落雁

こんなことってほんとにあるものか。昨年のことだが定期検診の結果を聞きに病院へ行ったところ血液型が「A型」と言われたのだ。思わず「えッ」とドクターに詰め寄ったくらい。還暦の時、このことを宣告されるまで、僕はズーッと「AB型」と思い続けていたのだ。幸いにも血液の出、入はなかったので気が付かなかったんでしょうね。

僕は生まれてすぐに大手術をした。この時は輸血で体中の血液の90％くらいは入れ変わるほどの（本人は全く覚えていない）事件だったので、明らかに血液型は分かっているはずなのだが、よくもまぁ、これまで何事もなかったもんだと胸をなで下ろしている。

だからというわけではないが、「A型」になってから（？）というもの体質が変わったのか、今まで全くダメだった青背の魚（サバ、アジ、コハダなど……）を

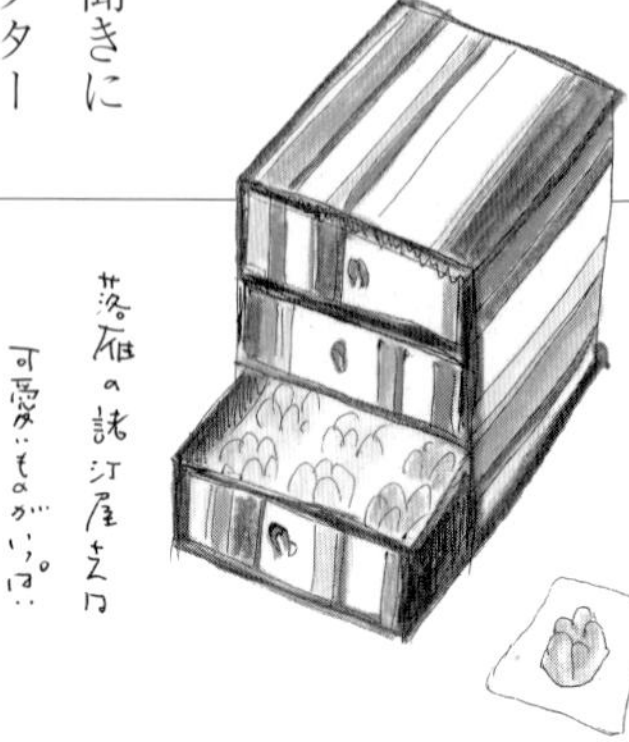

『諸江屋』
本店：
石川県金沢市野町1-3-59
☎076-245-2854

食べられるようになった。これには我ながら驚いた。それともうひとつ全く駄目だった甘いもんがイケルようになったのにも首を傾げている。

と、いうことで、富山のNくんから「金沢に幻の老舗『戸水屋』があります。そこの饅頭を食べたら、一生忘れられませんよ」とのお誘いを受けた。ちょうど「金沢21世紀美術館」で見たい展覧会をやっていたので一も二もなく、口にしたら一生忘れられないというお菓子を求めて金沢へ行ってきた。

なるほど、なかなか風格のある店構えで、「陳列棚」にはおはぎに桜餅にと美味しそうなものがいっぱいである。「ヨッシャ」と、喜び勇んであれこれと選んでいたら、お店のご主人、「申し訳ないのですが、お見かけするところこれをお土産になさるようですが、(当店はそれをお聞きしたら)お売りすることはできませんので、悪しからず」というひと言。「なんでや」と口にこそ出さないが、多少「ムカッ」とくるところがあり黙っていると「最近、賞味期限などいろいろと取り沙汰されておりますが、それ以前より私どもはそのようにしてお店を守っております」「ほんとは今すぐ召し上がっていただきたいものです」と暗にほのめかす「凛」とした態度。ご主人のこの見識・美学というのでしょうか、いっぺんにファンになり「ホテルで頂きます」と買い求めていただいた。

「えらいこっちゃ、美味しいお土産を求めて金沢に来たのに……」と、それでは違うものをと街中を散策。まず、腹ごしらえのランチを、Nくんお馴染みのイタリアン『エバンス』で食べる（最高！）。京都の錦市場に匹敵する近江町市場でひとつまみ。前に一度訪れて感激した「泉鏡花記念館」では「雪岱展」を見て、ひがし茶屋街を巡り、金沢ならではの手土産を探し求め（さすが老舗がいっぱい）たどり着いたのが『諸江屋』さん。ここは「落雁」で有名な創業嘉永2年（1849年）の老舗。私のような中年オジさんでさえ夢中になる綺麗な、可愛いお菓子がいっぱいあるじゃないか。あれとこれとそれとなにと……「え〜いッ」と目ぇいっぱいの買い物となった。

【静岡県・熱海】

『釜鶴ひもの店』の干物

熱海にはたくさんの思い出がある。僕が大阪から、富士山を左手に仰ぎ見ながら東京にやってきた当時は新幹線はなく、ところどころ蒸気機関車も走っていた。飛行機の利用は一般人、特に当時の僕のような受験生にとっては〝高嶺の花〟の時代であった。

僕にとって「最初の熱海体験」は学生の頃である。東京駅、午後11時30分発大阪行の鈍行列車というのがあった。大阪まで約24時間の長丁場だ。なぜそんなに時間がかかるのか不思議だったのだが、その答えは乗ってみてわかった。品川、横浜、熱海の要所要所で、特急、急行、貨物列車を先に通過させるからだ。熱海で1時間の〝停車《トランジット》〟である。

熱海に到着するやいなや、一斉に手拭いを持ってひた走る集団があった。旅慣れた人の知恵ですね。駅近くの温泉宿に「もらい湯」（もちろん、いっぱしのお湯

『釜鶴ひもの店』
本店：
静岡県熱海市銀座町10-18
☎0557-81-2172
☎0120-49-2172

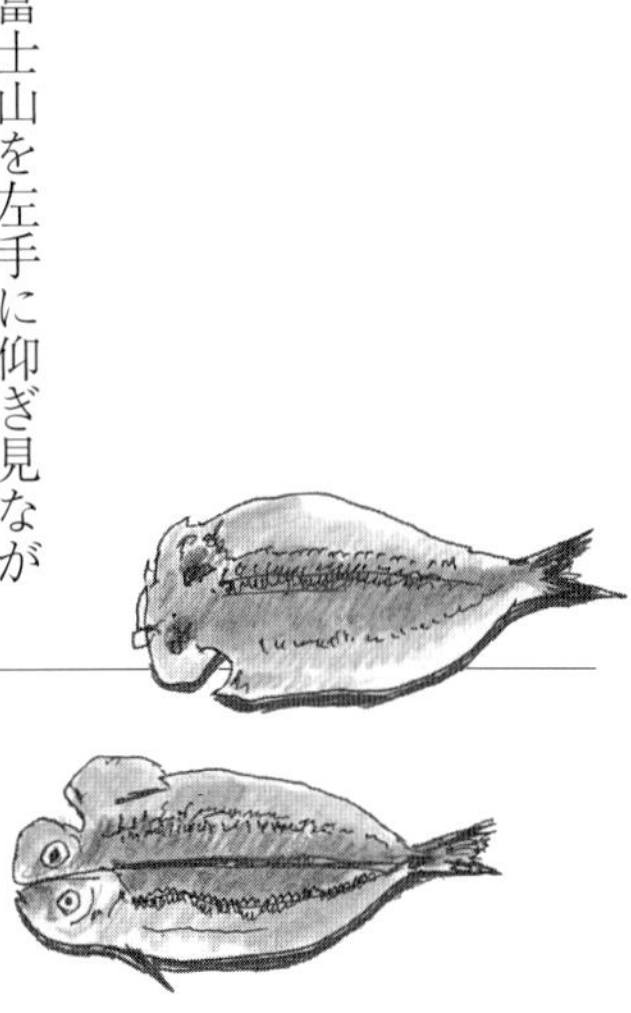

熱海のお土産の定番「まめあじ」です

代は払うのだが）をするために疾走するというわけだ。手荷物なんぞは置きっぱなしである。列車のなかは7割方、空っぽとなる。僕も2度目からは「通」であるがごとく、一緒になって走っていた。以来、2年に1度の割合で熱海に通っている。

この当時、レジャー（余暇）といえば「温泉」は最有力だった。東京から熱海への列車の指定席は〝プレミアチケット〟で、切符を売り出す2週間前、東京駅・八重洲口の開門と同時に並んだものだ（これは割のいいアルバイトだった）。今では信じられない。最近では羽田から熱海まで、小1時間もあれば行けるんですものねぇ。

何百人ものお客さんを招き入れることができる大旅館が何十軒もあった時代に、何度か宴会で行ったことがある。陶芸家の黒田泰蔵さんの窯を訪れた帰りに寄ったお寿司屋さんがよかった。「美味しい洋食屋さんがある」と聞いて、仲間と食べに行ったこともある。この店は今も健在で『スコット』という。「MOA美術館」にある秀吉の「黄金の茶室」にも行った。横山大観縁《ゆかり》の『大観荘』に食事に行ったこともある。友人がよく行く「熱海ゴルフ倶楽部」、これまた、なかなかよい。宿泊所もリニューアルされ、有名な熱海海上花火大会のときは、上から花火を見下ろす感激にも出会えた。

その帰りに立ち寄る中華料理『壹番《いちばん》』は〝列をなす美味しさ〟である。ちょっと離れた湯河原の旅館『石葉《せきよう》』も素晴らしい。こちらの「さざえ飯」[*1]がたまらない。

亡くなられた池田満寿夫さんを訪ねたこともある。いろいろ楽しい思い出が熱海にはある。

さて、行く度に買って帰る手土産は、「干物」[*2]なんです。駿河湾の魚がよいのはもちろんなんでしょう。それと、お天道さんがよいのか、富士山の水がよいのか、人情がよいのか、何がよいのか。いずれにしても美味しくて、喜ばれるお土産が「干物」である。強いて言えば、熱海銀座にある『釜鶴ひもの店』が僕のご贔屓です。

＊1　『石葉』の料理は毎月メニューが変わるので、どんな料理に出会えるのかわからない楽しみがある。

＊2　訪れた時の旬のものを選ぶのが干物を手土産にする醍醐味である。

【長野県・松本】

『Kune・Kune』のパン

初めて長野県の松本に行ってきた。思いがけず充実した小旅行となった。目的は「サイトウ・キネン・フェスティバル松本」の催しの一環であるお芝居を観ることである。『兵士の物語』（音楽監督：小澤征爾、芸術監督・演出：串田和美）に出演しているバレエダンサーであり俳優の首藤康之さんの追っかけをしているグループの一員として加えさせてもらった。一人では決して腰を上げることはなかったであろう。お陰さまで楽しい小旅行ができたというわけだ。

何に感動したかといえば、フェスティバルを迎え入れる街の有り様である。松本という土地柄がそうさせるのか、外からのお客さんに対しての「おもてなし」がゆきとどいていて、それが遠来の客を気持ちよくさせてくれるのだろう。フェスティバルのお客さんと見れば、小澤征爾さんの話や演じられるオペラの話、お芝居のこととなれば芸術監督をされている串田和美さんの話や出演者一人一人の

「クネクネ」のマーク オーナーのお姉さん
樋勝朋巳（ひかつともみ）さんの作です

『Kune・Kune』
長野県松本市宮渕2-1-1
☎0263-36-2456

話、それぞれのエピソードを気軽に話してくれる。気分よくフェスティバルに参加することができた。

このあたりにある二十数軒の美術館のうち、「松本市美術館」と「碌山《ろくざん》美術館」、「安曇野ちひろ美術館」に行ったが、それぞれお客さんに対しての姿勢が心地よかった。嫌みのない対応に心おきなく気持ちを委ねることができた。それを居酒屋でも、土産物屋でも、あちらこちらにある観光スポットでも感じることができるのだ。何がどうなのか「箇条書きにせよ」と言われると困ってしまうのだが、とにかく気分よく時間を過ごさせてくれた。「おもてなしとはかくありなん」と感じた。

縄手通り、常念通り、今町通り、天神通り……横丁、小路の佇まいがよい。お蕎麦屋さん『三城《さんじろ》』が美味い。『そば処 吉邦』もよい。カレーの『カレーの店 デリー』（なぜか松本にはカレー屋さんが多い）、珈琲の『珈琲 まるも』にも風情がある。『大王わさび農場』には100年近い歴史がある。かりんとうの『蔵《くら》久《きゅう》』にも行った。

お城フェチではないが、僕はかなりのお城好きなんで、松本城には当然お邪魔した。可愛いお城だ。1泊2日の小旅行でもこれだけ堪能できた。

夜は終演後の首藤さんを囲んで居酒屋『松本 しづか』で宴会を楽しんだ。居酒屋といってもちょっとした料亭の内容である。なかなかどうして侮れない。首藤さんの「松本にはいいバーがあるんですよ」との提案で、そこに移動しようと思ったら、この期間は予約しないと入れないと分かり断念したが、これだけが心残り。来年は必ずリベンジと全員で誓うほどであった。

付け加えておきたいのが、天然酵母のパン屋さん『Ｋｕｎｅ・Ｋｕｎｅ』で手土産にした「パン」の美味しかったことだ。

【愛知県・名古屋】

『美濃忠』の上り羊羹

このところ、ラグビー・プロコーチの大西一平くんと共に大阪とか富山とか、日本各地を旅することが多い。

今回は、名古屋に行くこととなった。大西くんから常々聞いていた愛知県立明和高等学校ラグビー部の「頑張り」を表敬訪問するためである。明和高校は愛知県内はもとより全国に名が行き渡るほどの進学校である。その明和高校がこのところ全国大会に出場できるかも、という勢いであると聞いた。それは、OB、保護者、そして職員の熱き応援の結果のようだ。僕も明和高校と同じ境遇の大阪府立天王寺高等学校ラグビー部（花園、国体に出場経験あり）だったので、我が孫を見る気分で訪問した。

旅というのは起こり得ないサプライズがある。それが楽しみだ。コーディネーターの中尾さん（この人がまた楽しい）をまずご紹介いただいた。いつも言うこ

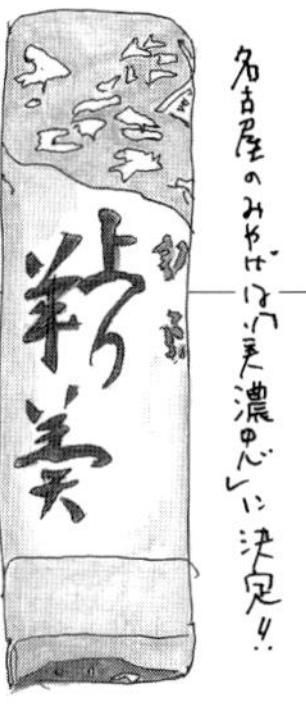

『美濃忠』
本店：
愛知県名古屋市中区丸ノ内1-5-31
☎052-231-3904
☎0120-62-7581

とだが、旅の良し悪しは案内していただく人のセンスに左右される。

話が前後するが、大西くんの奥様がお茶を嗜まれ、この度、裏千家宗家より茶名（大西宗栄）を授与された。そのお披露目のお茶菓子がなんと、名古屋の名店『美濃忠《みのちゅう》』のものと小耳に挟み、本誌の「おいしい手土産」のための品にピッタリと思い、早速本店に足を運んだ。あるわ、あるわ、目が眩むほどのお菓子が店内に鎮座ましましていた。目指すは葛を使った羊羹「初かつを」*1であったが、これは季節ものということで、名物「上り羊羹」*2を購入した。このところ甘いものに目がない。他にもつい手が出てしまい、お土産の山となった。

もう一軒、ぜひにと紹介されたのが、御菓子司で創業元禄年間の『川口屋』である。ここの饅頭がこれまた絶品であった。

手土産が決まったとなると、残りの目的は美味しいお店に行くことだ。名古屋といえば、いろいろと名物はあるのだが、意表をついて「洋食」にしようということになり、『三好乃』に行った。なんとなんと、これが偶然にも、明和高校2年生吉田くんの実家であり、オーナー料理人のお父さんもラグビー選手だったことがわかった。明和の横地先生、中尾さん、元・ソフトボールの五輪選手の高山樹里さん、大西一平くん、伊藤さんとで大宴会となった。

折角名古屋に来たのだからと、老舗のゴルフ場「東名古屋カントリークラブ」

＊1
「初かつを」の販売期間は2月上旬～5月上旬です。

＊2
「上り羊羹」の販売期間は9月上旬～5月下旬です。詳細はお店にお問い合わせを。

でプレイすることにした。ところが、残念なことにこの日は風も強く、雪まで降ってくる悪天候となった。

中尾さんが気を使ってくださり、ゴルフはまたの日、好条件の時にリベンジすることとなり、名古屋で一等賞のうなぎを食べましょう、と『名古屋 なまずや』にお連れいただいた。僕好みの関西風うなぎの直焼きであった。皮はパリッと歯ごたえがあり、食感がたまらなく、なるほどの一等賞であった。

【愛知県・名古屋】

『山本屋本店』の味噌煮込うどん

いつの頃からか、どこのどなたが言っていたのか定かではないが、「名物に旨いものなし」と、まことしやかに伝えられている風説がある。僕は常々、そんなはずはないと思っている。なぜならば、こんなに大勢の人たちが、長い間試して、食して、確かめて、築き上げたのが「名物」というものだからである。不味いわけがない。

今回、名古屋で催された「文化戦略会議２００８」のトークセッションでも、「名古屋グルメシは世界に通じるか」というタイトルで、僕もパネラーとして喧々《けんけん》囂々《ごうごう》、それについて語り合ったほどだ。

ひつまぶし、味噌カツ、海老フリャー（いつからこういう言い方になったのか?）。最近では、モーニング、あんかけスパゲッティ……と、名古屋でも名物が目白押しである。

『山本屋本店』
栄本町通店：
愛知県名古屋市中区栄2-14-5
山本屋本店栄ビル1階
☎052-201-4082

今回は、名古屋コーチンの手羽先、天むす、味噌煮込うどんをチェックした。それぞれがなかなかの味でしたが、中でも思いのほか「味噌煮込うどん」が、めちゃめちゃ気にいった。

翌日、会議が終わった後、「食べたい！」と思ったら気が気じゃない。すぐにタクシーを呼んでもらい、『山本屋本店』へとまっしぐらです。さすが老舗、午後2時を回っているというのに満席であった。

そこで、サプライズがあったんです。老舗には、何か知らないけれど、人を引き寄せるオーラがあるんですね。東京でも滅多に会うことのできない仲間にバッタリ会ったのである。彼らは最初から「名物のうどんを食べる」という予定だったそうだ。一人で食べるはずのところ、こうして大勢で頂けるんですから幸せですね。美味しさが倍増します。仲間に入れてもらい、総勢11名で昼間からの大宴会となった。

だから、旅はやめられませんねぇ。何かしらの出会いがありますから。

秋刀魚燻製、板わさ、さらにご自慢の自家製漬物（これも名物）と、突き出しもなかなかのものだった。

すべてお持ち帰りしたいところなんですが、今日のところは、やはりといいますか、当然ながら「味噌煮込うどん」を買って帰った。

この話にはおまけがありまして、このお店のすぐ裏に「名古屋市美術館」があり、ちょうど「観たいなぁ」と思っていた展覧会が、そこで始まっていた。

その総勢11名の中のおひとりが、偶然、美術館のキュレーターをされていたのだ。僕がうどんを食べながらこの話をしたら、なんとご案内していただくことになった。思っていたとおりの楽しい展覧会だった。

『山本屋本店』の味噌煮込うどんに、漏れなく「ピカソ」が付いてくるというわけではありませんから、悪しからず。

【石川県・金沢】

『揚げ浜塩田 角花』の能登のはま塩

日の出の頃であろうか、庭に放たれているニワトリの「コケコッコォ〜」という鳴き声で目が覚めた。爽やかな朝だ。こんな気分は何十年振りかのことである。昨晩はぐっすり眠ることができた。

僕が物心がついた昭和20年代の大阪の町中にある生家でも、卵の自給が必須だったので、ニワトリが飼われていた。ご近所にそういったお家が何軒かあった。なぜなら滋養がある卵が、その時代の貴重品だったからである。その頃はニワトリの鳴き声が目覚まし時計代わりだった。1960年以前にタイムスリップした気分だ。

奥能登の山に囲まれ、木が生い茂る切り通しを進むと、忽然と現れるところが、今回ご案内する、知る人ぞ知る湯宿『さか本』である。陶芸家の黒田泰蔵さんからじゃ面白い宿があると聞いており、イラストレーターの南伸坊さんはなにかの

『揚げ浜塩田 角花』
石川県珠洲市清水町1-58
☎0768-87-2857
（直売所）

角花さんの塩づくりに頭が下がります

本に、「ご主人・坂本新一郎さんが作られるお料理が美味しい」と書かれていた。旅の達人・平松洋子さんも、あのたおやかな文章で『さか本』さんのことを書かれていたような気がする。大勢の方々が一様に「今どきこんなピュアな宿があるのだ」と褒めそやしておられる。

なにしろ「いたれり」も「つくせり」もないとの噂だったが、行ってみてわかった。まったくそのとおり、嘘偽りがなかった。でも、「いたれり、つくせり」を誤解しての過剰なサービスに辟易《へきえき》している昨今、これだけの〝放ったらかし〟は大賛成である。

不便は人間の五感を呼び起こす。かえって清々しい。食事も素朴で美味しい。水がよいのだろう、豆腐、がんもどきは絶品だ。能登の魚はいわずもがなの美味しさだ。炊きたてのご飯を鰯の魚醤「いしる」で味付けした焼きおむすびに、「旨い」と大声を出してしまった。輪島塗の湯船がある温泉がたまらなくいい。そこから見える内庭の竹林が心を癒してくれる。これほどの「おもてなし」があれば、「いたれり」も「つくせり」もいらないというもんだ。

奥能登にはまだまだ自慢できるものがいっぱいある。江戸前のお鮨屋さんがこぞって能登に来られるのは、魚はもちろんだが、「お米」と「お塩」が日本でも有数の逸品なので「仕入れに来る」という話を聞いた。

そこで珠洲市の仁江海岸にある『揚げ浜塩田 角花《かくはな》』さんをお訪ねした。海水から天日でつくる「揚げ浜式」と呼ばれる伝統的な製塩法[*1]は日本でここにしか残っていないそうだ。日本中のフレンチからイタリアン、鮨から日本料理、そのほか多くの料理人から、この塩は引っ張りだこであるそうだ。これを今日の手土産とした。

おまけの手土産を能登空港の売店でゲットした。「のどぐろの一夜干し」である。これも文句なしの逸品です。

＊1　2008年に、国の重要無形民俗文化財に指定された日本最古の塩田法。

【福井県・福井】

『村中甘泉堂』の羽二重餅

なにやら「隣人祭り」というのが流行りらしい。このところよく耳にするので気になっていたら、友人からタイミング良く電話が入った。福井県で「隣人祭り」が催されるので参加しませんか、との伝言であった。

耳にはするが、実態が何だか分からないので聞いてみた。

そもそもパリの片隅での高齢者の孤独死から始まった「繋がりの市民運動」だそうで、「住民同士のふれあいがあれば、孤独死なんて悲劇は起こらなかったはず……」と、同じアパートに住む3人の青年が住民たちに声を掛け、ささやかなパーティを開催したのが「隣人祭り」の始まりとのこと。

現代社会（特に都会）が抱える孤独、不安、ストレスをなくし、誰にとっても住みやすい快適な地域社会をつくる。それは隣人とほんの少し歩み寄る機会をつくることなんですよね。

『村中甘泉堂』
福井県福井市中央1丁目21-24
☎0776-22-4152

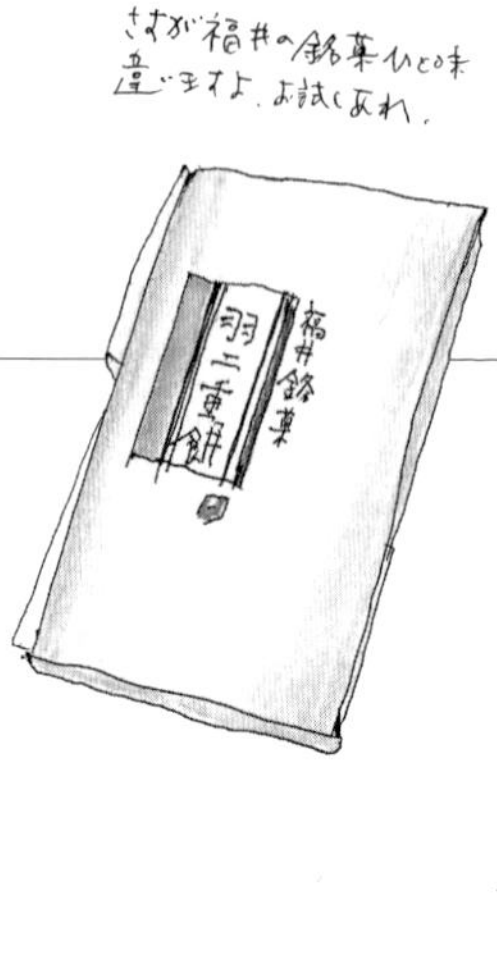
さすが福井の銘菓ひと味違いますよ。お試しあれ。
福井銘菓
羽二重餅

思い起こせば子どもの頃は、これが普通だった。「♪とん とん とんからりと 隣組……♪」という歌があったぐらいに、隣人づき合いは当たり前だった。

「やれ、煮物が炊けた」と言っては、おばさんがやってくる。

「隣のおじいちゃんが病院に行きたい」となれば、こちらから飛んで行った。

「この子、見といてね」と子守をさせられた記憶がある。今でいう地域コミュニティですよね。

阪神・淡路大震災の時、日頃近所づき合いのなかった山の手界隈では、このことがきっかけでお隣同士のおつき合いの大切さがわかり、結束を固めたそうだ。日本のよい風習だったんですよね。ご近所づき合い。

さて、そんなよいことなら参加しなくっちゃと、おっとり刀（？）で駆けつけた。その理由のひとつに、この福井での「隣人祭り」のお世話役（〝コンシェルジュ〟と呼ぶそうです）をしている地元出身の安野《やすの》敏彦さんが古くからの知り合いだったこともある。ふたつ目は、この「隣人祭り」の意義を取材するのでテレビ出演して欲しいという依頼もあったのでした。

肝心の「隣人祭り」は、一乗谷のおばさまたちとスゴクいい感じの会を持てました。楽しゅうございました。

で、せっかくここまで来たんだからと、僕の事情（この連載のこと）をよく知る安野さんに「お土産にピッタリなよいお店がいっぱいありそうですね」と相談。お酒のおつまみに最適な天下の三大珍味とされる、越前雲丹の『天たつ』さんと、創業明治43年（１９１０年）の『村中甘泉堂』さんの郷土菓子「羽二重餅」を紹介された。

福井市内を散策、そしてこの2店を見つけて立ち寄り、試食し、なるほどと納得。お土産として購入し、「隣人祭り」の余韻とともに、無事帰路に就いたのである。

【岐阜県・飛騨高山】

『天狗総本店』の飛騨牛ビーフカレー

先日、富山へ行った。全国でも珍しい富山市内電車環状線「セントラム」のボディデザインを依頼されたからである。

久しぶりに雪が降り、立山山麓のスキー場が活況をきたしたという話を聞き、顔をほころばせる元プロスキーヤーのNくんが思い浮かんだ。富山在住のNくんと連絡がつき、まだ行ったことがなく、前から興味があった「飛騨高山」に行きたい旨を伝えたところ、「あの町は京都と江戸の中間の佇まいで素敵なところです」との返事があった。思い立ったが吉日とばかり、早速車を走らせてもらった。

インテリアデザイナーの小泉誠さん、Nくんのスキー仲間、地元高山の高校の先生からお店を紹介していただいた。車での移動の途中、北アルプスと露天風呂の里、奥飛騨温泉郷・福地温泉にて休息。というのは、これも前から気になっていたところで、時の流れを感じさせない和風モダンの湯元『長座』をチェックす

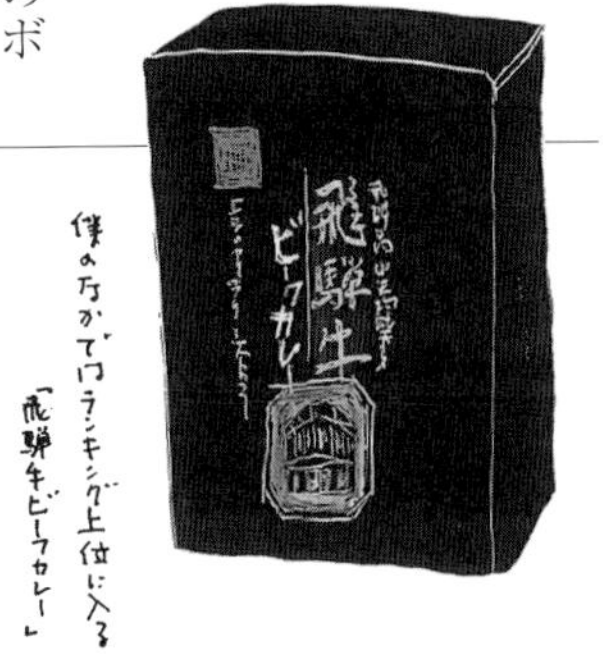

『天狗総本店』
岐阜県高山市本町1-21
☎0577-32-0147

るためであった。「次回必ずお邪魔します」と約束し、高山に向かった。

詳細な下調べにより、分刻みのスケジュールとなるも楽しいものであった。まずは、とっておきのカレーのお店に向かう。ブランド牛の飛騨牛を扱う『天狗総本店』がデーンと構えている。そのお隣にあるのが、創業77年の歴史を誇る飛騨牛食処であり、そのまたお隣にあるのが、目指すカレーハウスである。天狗総本店さん独自のカレーのお土産があまりにも評判がよくて自然発生的にお店ができたようだ。

美人のママさんが応対してくれた。まだお昼には早かったせいかお客さんがいなかったが、お陰で街の情報を聞くことができた。いろいろな食材をきれいに濾したコクのあるカレールーに極上のサイコロ状の飛騨牛が入っていた。「カレー」と「肉汁」とが良い案配に絡みあい、忘れられない味となって残った。

高山といえば、高山祭の屋台だ。櫻山八幡宮にお参りした後、高山祭屋台会館で十数台の屋台と、チャーミングな動きをする「からくり人形」を見学した。美しさとからくりの面白さに、今さらながら感動する。

味のある高山の町並みを散策した後、もうひとつの目指すところである高山ラーメンのお店、『中華そば 蔵や』に行った。まずは、小泉さんからぜひにとお薦めがあった飛騨牛串焼きに舌鼓。和風味の出汁《だし》がことのほか効いている。そして念願の中華そばを頂く。各地域ご自慢のご当地ラーメンは山ほどあるが、日本のラーメンランキングのベストテンに名を連ねることは必至だと思った。

ということで、今回の〝おいしい手土産〟は『天狗総本店』の「飛騨牛ビーフカレー」とすることにした。これはカレー党に喜ばれること請け合いだ。

【山梨県・甲府】

『みな与』のあわびの煮貝

先だって甲府に行く機会があり、甲州牛の美味しいすき焼きをいただくことができた。その機会とは、「エンジン01《ゼロワン》文化戦略会議」というイベントである。その講演に参加するために甲府に来たというわけだ。

200名近くの講演者が参加している。山梨のご出身である林真理子さんを幹事長として各分野のトップの方々がお集まりである。

そういった方々と食事を供にし、身近に語る会が「夜楽」という名で開かれた。講演が終わった〝放課後〟に、講師、参加者ともに楽しみなのがこれである。甲府市内の選りすぐられたお店に分かれての宴会だ。僕はくだんの「すき焼き」を『肉料理 小島』というお店で頂いた。建築家の竹山聖さんを〝楽長〟として評論家・建築史家の井上章一さん、弁護士でワイン評論家の山本博さん、オペラ歌手の中丸三千繪さん、そして僕が加わり、各テーブルに4、5名のお客さんと膝を

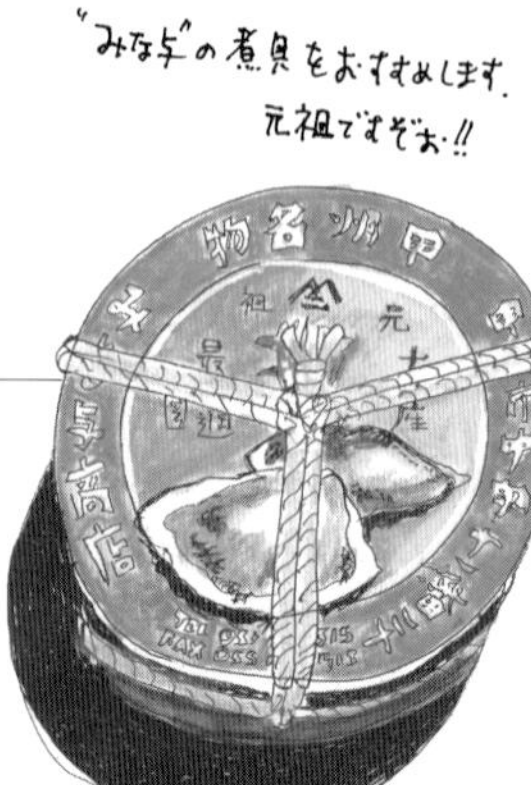
〝みな与〟の煮貝をおすすめします。
元祖ですぞぉ!!

『みな与』
山梨県甲府市中央3-11-20
☎055-235-3515
☎0120-39-3742

交え、酒食をともにして語り合った。実に楽しい「夜楽」である。

関西と関東の「すき焼き」、「すき煮」の考え方の違いについて少々言っておきたい。僕が育った大阪では家長である父親がだいたい鍋奉行として取り仕切り、僕は当然のように「お肉を食べなさい」「野菜が食べごろだ」と言われるがままに食べていた。長じて僕も一応家長の席で采配を振るっている。「すき焼き」の場合、鉄の鍋が温まる前から脂のかたまりを置き、火がつくとじわーっと溶けはじめる。脂が溶けたところでお肉を入れ、砂糖、醤油、少々のお酒、家によって異なるがあとは水とか出汁で、肉だけをさっと焼き、卵をつけ汁としてお肉を潜らせて頂く。ひとわたり食べたところでネギ、白菜等の野菜、糸こんにゃくを、良い感じの出汁が出たところで焼くわけなのだが、「うーむ、堪らない」……書いているだけでヨダレが出てくる。

関東は違う、調合してある割下を使う。お肉を焼き、割下を入れ、ネギ、白菜等の野菜を入れ、焼き豆腐、椎茸を入れてしまう。これでは「すき煮」じゃないの、と驚いた記憶がある。

「すき煮」であろうがなんであろうが、『肉料理 小島』さんでのひとときが、楽しく、美味しい一夜であったことには違いない。おつき合いいただいた仲居さんに「この地の美味しいお土産って何ですか?」と問うてみた。「ワインとほうとう」、そして「煮貝」との答えだった。

僕が興味を持ったのは、「海なし県の海産物」だ。知恵が育んだ名産品であるあわびの煮貝専門店、『みな与』の「あわびの煮貝」を今回の手土産とした。あわびを煮て、醤油漬けにした加工品である。江戸時代に伊豆のあわびを甲州に届けるために考案された保存食だ。馬に揺られての道中が、絶妙な味を作ったと聞いている。

【新潟県・新潟】

『マツヤ』のロシアチョコレート

新潟市に「アートディレクターズクラブ」（新潟ＡＤＣ）というデザイナーの集合体がある。そこのお招きで審査員をお願いされた。若い人たちの作品（広告宣伝）を見る楽しみもさることながら、その土地土地の歴史を学び、風光明媚を知り、美味求真の心境になるのがもうひとつの楽しみなのである。

新潟ＡＤＣの若手・円山恵さん、山賀慶太さんのお二人に話を聞き、ご案内いただいた。ちょっと街を歩いてみるとあちらこちらに「温故知新」（聞くところによれば戦災に遭っていない）の札を貼って歩きたいところばかりであった。

まず、足を向けたところは、西大畑・旭町界隈。〝古くてアートな〟坂の町である。どっぺり坂を上り、「砂丘館」に入った。ここの展覧会で堀内康司（長野県松本市出身）という画家を知った。作品群の前でしばし立ち尽くすほどの衝撃を受けた。旅って時に脈絡なく、サプライズな何かと遭遇するのがいいですね。

ロシア人の職人さんから伝授された技を今に伝えてる。

『マツヤ』
新潟県新潟市中央区
幸西1丁目2-6
☎025-244-0255

続いて「旧齋藤家別邸」に行き、今では造ることが不可能なぐらいの、砂丘の斜面を生かした回遊式庭園を見学、『ホテル イタリア軒』でランチを頂き、「北方文化博物館・新潟分館」（會津八一が晩年に住んでいた）へ。純日本風の家屋と西洋の息吹を感じる洋館から、枯山水の回遊式庭園の建築に満足した。

お腹いっぱいのコースといえば、イタリア料理店『ネルソンの庭』にはぜひ足をお運びいただきたい。雰囲気が抜群だ。また、審査のおつかれ会でご馳走になった新潟の鍋茶屋『光琳』さんの美味しさは満足度１２０％であった。

東京から一緒に行った同じく審査員の秋山具義くんがラーメンについて滅法詳しく、いろいろと教わった。意外も意外、「新潟はラーメンの宝庫です」と連れられて行ったところが『青島食堂 西堀店』である。生姜風味の醤油ラーメンだ。なるほど、列をなすお店のはず、ラーメン知らずの僕でさえこの美味しさに納得した。〝朝ラー〟こと、朝からやっているラーメン『めん処 くら田』がこれまたいい。『三吉屋』も捨てがたい。ここで遅まきながら僕のラーメン開眼となった。

さて、本題の〝おいしい手土産〟といこう。絶妙のご当地駄菓子・ぽっぽ焼き、『竹林味噌醸造所』のクリームチーズみそ漬、『美豆伎庵《みずきあん》 金巻屋』の古琴抄、『やま路』の笹だんご……、数ある中から決定したのは、いろいろとストーリーのある『マツヤ』の「ロシアチョコレート」である。

関西

京都 金閣寺

京都 鴨川納涼床

奈良 奈良の大仏さん

♪通天閣たかへ…」という歌があったが。
今や東京タワーに負けて～る。
でも大阪のシンボルには違いない。

大迫力の「だんじり」。
一度は参加をおススメします。
参加という事は一緒になって
走りまわるんですよ。

P!
P!
ピップ
Glico
雪印
グリコ
CH

カラオケ

アメリカ村にあるセイタロー制作の
壁画 20年ほど前に出来た.
PEACE ON EARTH

大阪 名所群

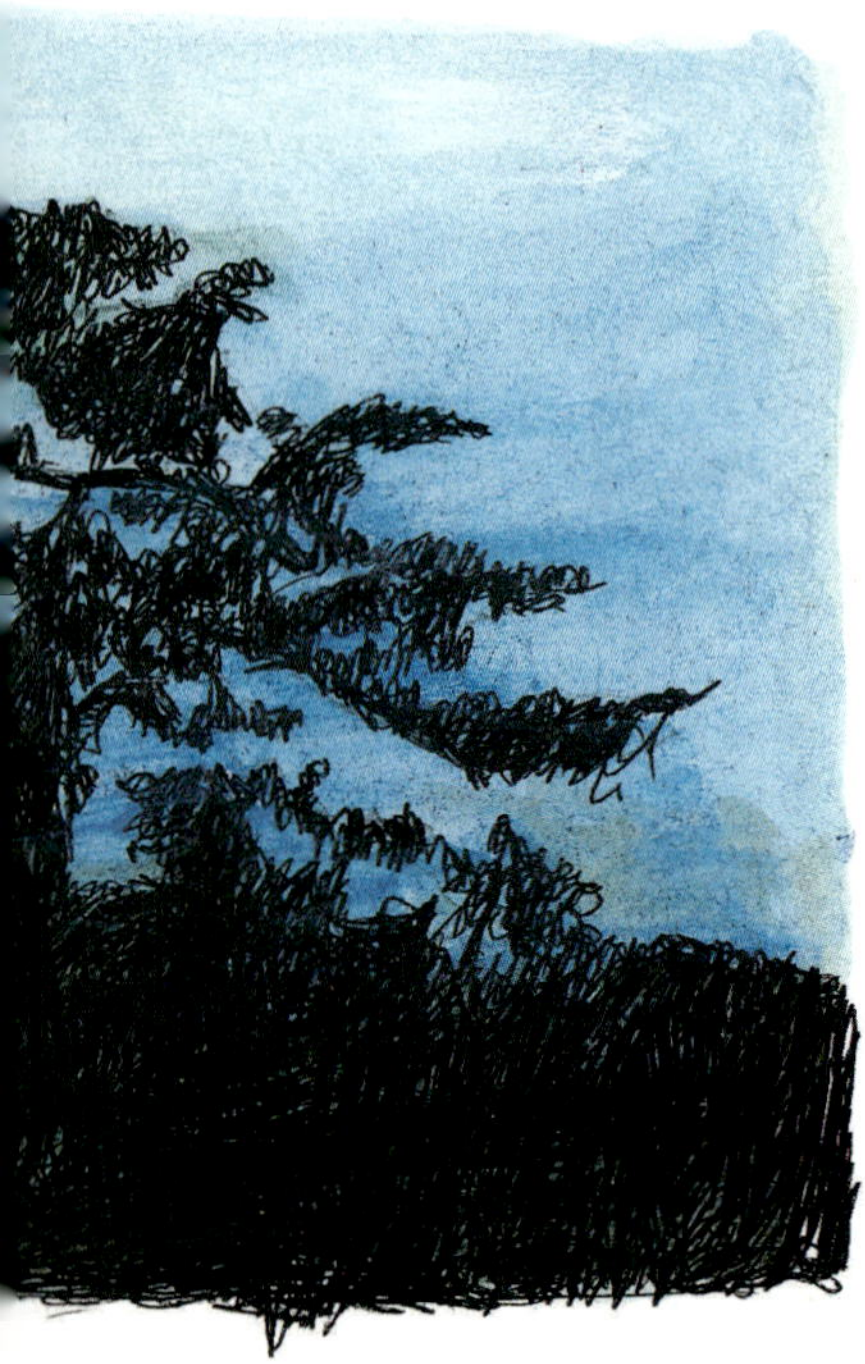

三重 おかげ横町のお白石持行事

三重 伊勢神宮

兵庫 明石の魚の棚商店街

【京都府・京都】

『はれま』のチリメン山椒

京都が好きだ！　といっても、大阪生まれの僕としては、近隣の京都がとりたてて好きだ、というわけではなかった。東京に行ってからの話となる。外国に行くと日本がわかるというほどのことじゃないとしても、郷里を離れることで、関西と関東の文化の違いが、多少わかるようになってから、京都のことが急速に好きになった。

京都の特集がマスコミに取り上げられるようになり、とくに雑誌は京都の特集などを組もうものなら、売り上げが何割かアップすると聞いている。となると、関西生まれの僕としては、うかうかしていられない。いろいろと勉強（？）することになる。そこでますます「好き」度が増すというもんだ。

「おおきにィ」という京都弁がほんとに好きだ。京都の「おもてなし」がこの一言に詰まっている感じがする。特に女性が何かのときに発する「おおきにィ」と

お茶漬も良い、このままでも良い、のりで巻いて食べるのも良いもんですな。

『はれま』
本店：京都府京都市東山区宮川筋6丁目357
☎075-561-4623
☎0120-10-8070（地方発送専用）

いうところの「きにィ」のイントネーションが、なんとも色っぽくて好きだ。

夏が暑く、冬が寒いといわれる京都は、四方を山に囲まれている盆地の地形。手が届くようなところに山があり、琵琶湖から淀川に繋がる脈々とした地形が好きだ。夏のすだれ、冬のコタツなど、家のなかに季節を過ごすチャーミングな工夫がある。

祇園祭りに代表される四季折々の祭りがあって、どれもがきらびやかでワクワク、ドキドキするところが好きだ。

京都酵素という、めちゃめちゃ身体によいお風呂が烏丸八条にある。ファンが多い、なかでも京都南座での公演があると歌舞伎の役者さんたちで賑わう。日夜の肝臓の疲れがぶっ飛ぶという。そこの「ぶっ飛ぶ」というところが滅法好きなんです。

『おいと』という老舗の料理屋さんが好きだ。昔、故・田中一光先生に連れていっていただいた。先生からは、超のつく一流と、大衆的なものと、双方を理解するところから創造のヒントがあると指導を享《う》けた。超一流の『おいと』では、なぜかおでんが最後に出てくる。そこにたどり着くまでの、四季折々の旬の食材を使ってのお料理は、兎にも角にも天下一品だ。

京都の台所・錦市場で生を享けた「若冲」*1が好きだ。最近ブームのように取り

＊1 伊藤若冲（1716～1800年）は、近世日本の画家の一人。江戸時代中期の京都にて活躍した絵師。

上げられているが、実は円山応挙、与謝蕪村という巨匠ともども、伊藤若冲は江戸の頃から有名であった。大変な実力者である。物をジーッと見つめる、凝視することで真理を掴む、これは創造の基本だと常々思っている。若冲は実家があった錦市場で、1年間、筆を持たずに、いろいろな野菜を見つめていたという。その後、堰を切ったように描き始めた。スゴイやつだ。

さてと、京都の手土産はさすがにゴマンとある。手土産の宝庫といっても過言ではないと思う。いろいろあるなかで、50年近く食べ続けているあの「チリメン山椒」を取り上げたい。そのなかでも『はれま』という老舗のつくだ煮屋さんと、京都祇園の旅館『中野』のそれが、僕のなかで、すべての手土産から勝ち残りました。どちらも優劣つけがたく、双方〝金メダル〟なのだが、今回は『はれま』さんとした。とにもかくにも、京都の「チリメン山椒」が大好きです。

「おいしい手土産はこれしかおへんでぇ」

【大阪府・ミナミ】

『大寅』のてんぷらと蒲鉾

練りものが好きだ。練りものといえば「てんぷら」がある。東京式の魚介、海老などの「天婦羅」は大阪では「揚げもの」といい、魚のすり身を直径10センチくらいの平たい円形や棒状にしたものを素揚げにし、中にきくらげ、紅しょうが、海老、ごぼうの千切りなどを入れたものを「てんぷら」という。おでん（関東煮）には欠かせない。九州などでは「さつま揚げ」と呼んでいるものだ。

僕は、物心がつく頃まで「てんぷら」のことを、「天婦羅」と信じ込んでいた。小学生の頃、揚げたてのてんぷらをお弁当に入れると（当時給食がなかった）、てんぷらの油とお醤油がほどよくしみ込んで、匂いとともに、丼にあるような微妙で複雑な味付けになり、食欲をそそられた。てんぷらを食べると、この時代、あの風景、いろいろな人たちとの関わりが思い起こされる。

近鉄百貨店（阿倍野店）[*1]が生家の隣にあり、恰好の遊び場だった。寺山修司さ

『**大寅**』
難波戎橋筋本店：
大阪府大阪市中央区
難波3丁目2-29
☎06-6641-3451

＊1
現在は、あべのハルカス近鉄本店。

んが上京した時に百貨店のエスカレーターを初めて見て、「文化」という二文字が口に出たと何かの本に書いておられたが、僕もこの百貨店にエスカレーターができた時、子供心に時代が変わるなぁと感じた。

大阪の繁華街はキタとミナミに分かれるが、この天王寺・阿倍野辺りはミナミのもうちょっと奥座敷のミナミで、和歌山寄りにある。一帯には天王寺動物園があり、大阪市立美術館があり、通天閣がある。昔は飛田遊郭もあった。かつての国鉄と私鉄が交わり、東京でいえば上野と新宿と渋谷を合体させたような街である。てんぷらと共に、この土地の「文化」が僕の人間形成に大いに役立ったと思っている。

今、大阪はキタの開発に伴い百貨店やショッピングモールが出来上がりつつある。となるとミナミの百貨店も黙っているわけにはいかない。それぞれ増床計画が盛んである。キタとミナミの代理戦争となっている。そうなればそのちょこっと奥のミナミにあたる僕の故郷、天王寺もじっとしていられない。近鉄百貨店は日本一のノッポビルとなる計画を発表した。*2 経済沈下が叫ばれる大阪のカンフル剤にならんとしている。いやはや阪神タイガースと大阪の話をし始めるとどうも熱がこもってくる。困ったもんだ。

てんぷらの話がとんでもないほうにそれてしまった。お赦《ゆる》しあれ。

---

*2
地下5階、地上60階建てで、高さ300メートルの超高層ビル「あべのハルカス」が2014年に全面開業。横浜ランドマークタワー（296メートル）を抜き、国内で最も高いビルとなった。

今でも大阪に行くと必ず、自分で食べるために、またお土産として、戎橋筋商店街の『大寅《だいとら》』さんに行き、「てんぷら」と「蒲鉾」を購入する。一口食べると舌に感じる「味」と、「足」と呼ばれる歯ごたえ（弾力）によって美味しさが決まると『大寅』さんはおっしゃる。まさしくそのとおり。創業130年*3（2008年取材当時）となるらしいが、そのうち60年間僕は『大寅』さんを食べ続けている。なかなかのもんでっせぇ。

*3 『大寅』さんは1876年（明治9年）創業なので、2016年（平成28年）現在の創業年数は140年！ 僕は70年近くお世話になっていることになる。

【京都府・京都】

『大市』のすっぽんの雑炊用スープ

お茶漬けに限らず、お粥、雑炊、いわゆるご飯ものが好きである。

暑い昼下がりに日本家屋、言ってみれば京都の町家風のところですなぁ。打ち水がしっかりとしてある、坪庭があって、そこから風鈴のチリンチリンで風がスタートする。暖簾をかいくぐってやってくる風を、背中に受けながら、そこでできることならゆったりと風の方向を調整してくれる別嬪さんが、口数少なく横に居て団扇《うちわ》で扇《あお》いでくれでもしたら、この世の極楽でありますなぁ。二ツ、三ツのこじゃれたお通しと冷たいお酒があり、ちびりちびりと盃を重ねる。しかる後にシャリシャリとかき込むお茶漬けがたまらない。そんな夢を儚く見ている今日この頃である。

お茶漬けといえば、神楽坂の『石かわ』の鯛茶漬けが二日酔いの日のブランチにはぴったりだ。喉ごしがよくて。作家の西木正明さんから送っていただく下関

『**大市**』
京都府京都市上京区六番町364
☎075-461-1775

の「ふぐ茶漬け」も、深夜などちょっとした時には最高だ。

京都ブライトンホテルの「梅とちりめんじゃこ」はお茶漬けに合うし、新潟『加島屋』の「さけ茶漬」は言わずもがな、大阪『小倉屋山本』の昆布「えびすめ」をお茶漬けにすると絶品である。全国津々浦々、僕の好きな練り物と同じく、お茶漬けにもいろいろと趣向をこらしてあるもんだ。

九州は久留米にある『天然田園温泉 ふかほり邸』で食べたお茶漬けが、これまた優れものである。さんざん美味しいものを頂き、お酒三昧、温泉三昧、おしゃべり三昧をした後に、部屋に戻ってちょっと小腹が空いたなぁと思うと、僕の言動を見透かしたようにちゃんとテーブルに置いてあった。

「夜はすっきり 雑穀ぽんぽん茶漬け のり」、「気にせず1食77・2キロカロリー」と表示されていた。ここが大事なのである。このところめっきりメタボに悩まされている身にとって、このカロリー。寝る前の誘惑である。しっかり頂き、すっきり眠れた。爽快な目覚めだったので、それ以来、お取り寄せグルメとしてもハマッている。

それはそれとして、先日京都に行った。仏師・江里康慧《えりこうけい》さんの奥様、人間国宝であられた截金師《きりかねし》・江里佐代子さんが亡くなられたお悔やみに伺った。

康慧さんが「家内の好きなところです」とお連れいただいたところが、すっぽん料理の『大市《だいいち》』さんだった。あまりにも有名なので、どちらかといえば敬遠気味だったが、行ってみないとわからんもんですね。３００年以上の歴史を持つ大老舗は、ゆるぎない。17代目の若夫婦がテキパキと応対してくれた。

暑い最中の京都。土鍋が約２０００度と聞き、若女将の青山美和子さんのテキパキとした鍋さばきに感動した。あれよあれよという間に頂いた。鍋の後の雑炊がたまらなく美味しかった。

そこで発見したのが、この「雑炊用のスープ」[*1]。瓶詰として陳列棚に鎮座ましましておられた。早速購入し、手土産にした次第である。

＊1　商品の正式名は、「粥-かゆ-」。茶碗に軽く一杯程度のご飯を沸騰したところに入れ、一寸煮し、少し蒸らして鶏卵でとじれば、すっぽん雑炊のできあがり。

【奈良県・奈良】

『今西清兵衛商店』の「春鹿」の奈良漬

奈良は平城還都1300年をひかえ（2009年取材当時）、都がかまびすしい。*1

僕にとって奈良といえば「大仏」である。関東圏の人たちは「大仏」といえば「鎌倉の大仏」と言うかもしれないが、関西圏の僕たちにとっては、なんと言っても「奈良の大仏っつぁん」となる。奈良のシンボルであり、日本のシンボルだ。大仏といえば以前、ある雑誌の「大人の修学旅行」という記事で、チェロ奏者のヨーヨー・マさんが「大仏はアジアからやってきた」と語っていた。とても興味深い記事だった。

興味深いといえば、『江戸三』という料理旅館の名前が以前から気になっていた。奈良なのに、なぜに「江戸」なのかと頭を抱えてしまったほどだ。聞いてみると、単に大阪の江戸堀三丁目にお店があったというだけの理由らしい……。ガクッ！　気が付いたらそのお店に予約を入れていた。

『今西清兵衛商店』
奈良県奈良市福智院町24-1
☎0742-23-2255

*1
「初めて都を平城に遷す」と『続日本記』に記されているように、藤原京から平城京（現在の奈良県奈良市付近）に都が移されて、2010年（平成22年）でちょうど1300年目にあたる。この年、「平城遷都1300年祭」として奈良県市内でさまざまなイベントが行われた。

文豪・志賀直哉さんが命名された「若草鍋」*2が妙に気になったからである。ほうれん草を土台にこんもりと盛り付けるこのお鍋を新緑の「若草山」に擬《なぞら》え、「若草鍋」とされたそうだ。伊勢海老、鯛、鱧、蛤、巻白菜、椎茸、春雨、水菜、湯葉、若鶏……が申し分なく山となる。かなりの美味しさの逸品だ。

気になるといえば、世界遺産の文化財・元興寺《がんごうじ》さんである。元興寺さん自体もそうなんですが、僧坊の中に洋画家・須田剋太さんの筆による屏風絵が数十点あると聞いていた。懇意にされている染司・吉岡幸雄さんにお願いして早速見せていただいた。

想像を絶していた。感動のあまり、へたへたと座り込んでしまった。

「我に狂器を与へよ さらば我が八十年の生涯を破棄せん」の一幅の書にある文言、筆勢に身が打ち震えた。僕なんか、まだまだ小僧っ子と思い知らされ、逆に元気を頂いた。

元興寺さんから猿沢池（僕はここが松尾芭蕉の「古池や 蛙飛び込む 水の音」の「古池」のモデルと信じ切っていた）を通り、奈良国立博物館に立ち寄り、春日大社、東大寺を歩き、小休止。東大寺より奈良町へと人力車（多少の抵抗はあったが）に乗った。自動車では味わえない、ゆったりとした移動が奈良の文化の奥行きをじっくりと感じさせてくれた。

---

*2 料理旅館『江戸三』の名物料理「若草鍋」は季節限定。通常10月～3月頃まで頂ける。

人力車で着いた先の奈良町は古い格子の家並みが続いており、多くの老舗がある落ち着いた町である（勝手な言い方をすれば、このままそっとしておきたい場所だ）。

今回のお土産はその中の清酒「春鹿」（日本酒発祥の地奈良だ）の蔵元『今西清兵衛商店』[*3]の奈良漬とした。奈良にはいろいろ有名な奈良漬店がある中、『今西清兵衛商店』のは、〝あの〟『森奈良漬店』と一、二を争う名品とみた。

＊3
『今西清兵衛商店』では毎年2月の土曜、日曜日に「酒蔵見学会」を開催している（要予約制）。また、オリジナルグラスを購入すると、5種類（各1杯）の唎き酒が楽しめる。見過ごすわけにはいかない。詳細は、お店にお問い合わせを。

【滋賀県・長浜】

『菊水飴本舗』の菊水飴

ネットサーフィンをしていて「焼鯖そうめん」という文字が目に飛び込んできた。以前なら何の関心も示さなかったであろう「青背の魚」の記事である。僕が還暦を迎える頃までは鰯、鯵、鱚《きす》、カマス……等が一切駄目であった。とくに鯖である、あいつに悩まされていた。友人の女優R・Mさんはジンマシンが出ようが、何が起ころうが美味しさの魅力には代えられないとばかり食べ続けた結果、見事あの痒さを克服したと聞いた。食に対する凄い根性だ。

還暦の時、何はともあれ60年という長きにわたって苦労を掛けたわが肉体のチェック（人間ドック）でいろいろ調べてもらった時に、「長友さんの血液型はABと記されていますが、立派なA型ですよ」と教えられた。「何ぃ!!」、思考も行動も「ずーっとAB型」として生きてきたのに「何ちゅうこっちゃ」、青天の霹靂である。それ以来、体質が変わったというか、この「青背の魚」を美味しく

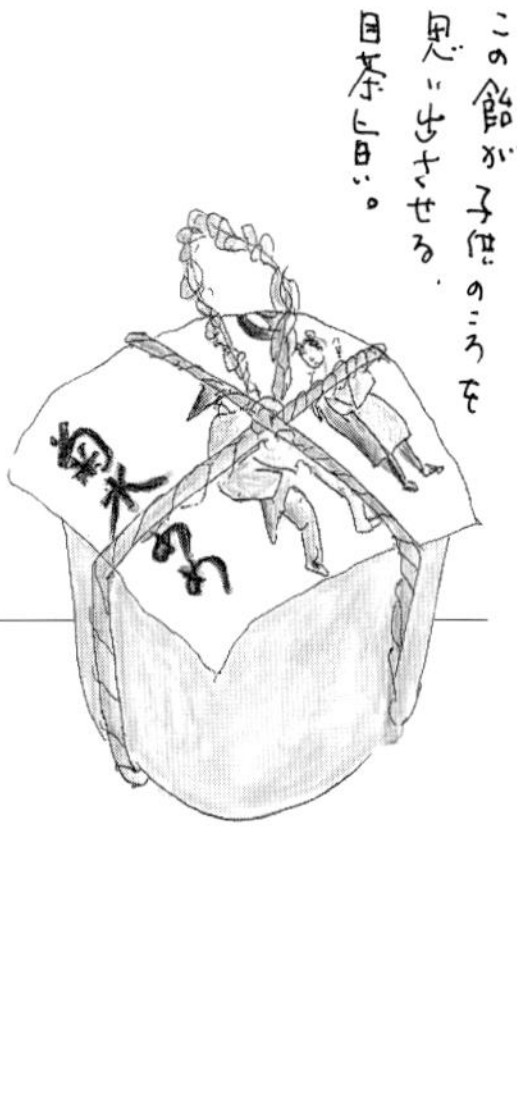
この飴が子供のころを
思い出させる。
日茶と旨い。

『菊水飴本舗』
滋賀県長浜市余呉町坂口576
☎0749-86-2028

食べられるようになった。こんな美味しいものが今までどうして食べられなかったのかと悔やんでいる。

「焼鯖そうめん」とはいかなるものか？　焼きそうめんの上に鯖が載っかっているのか、鯖をほぐして焼きそうめんと共に炒めるのか、いろいろと妄想していた。琵琶湖といえば「鮒ずし」だ。あれに似て鯖を鮒ずし状にしたものか？　とも思ったが、「百聞は一見に如かず」、まずは現地に行ってみることにした。

素晴らしい「焼鯖そうめん」が目前に現れた。見事な艶だ。味噌がソースになっているのかカルボナーラに似ている。立派な鯖がデンとそうめんの上に載っかっていた。有無を言わさない存在感だ。味も形もいい意味で見事に裏切られた。当然これをお土産にと思ったが、残念ながらお土産に適さずお店で食すことにとどめ（お店の名は『翼果楼《よかろう》』）、〃おいしい手土産〃は郷土菓子の名品、『菊水飴本舗』の「菊水飴」とした。

もうひとつ長浜に行きたい理由があった。前から懇意にしているギャラリー『季《とき》の雲』さんがゲストハウス*1を造られたことをネットで知ったからだ。快適そうな空間、時間の流れを忘れさせてくれそうな佇まいに魅せられた（レストランも一等賞だ）。鯖の件が長浜行きの引き金としてあったが、思い立ったが吉日とお邪魔した。裏切られることもなく、予想どおりの時間を過ごさせてもらった。

＊1　『季の雲』のゲストハウスは閉店。現在は器のギャラリーとして営業中。

『季の雲』の中村さんの案内で、長浜城、黒壁ガラス館、長濱オルゴール堂、海洋堂フィギュアミュージアム黒壁、そして琵琶湖湖畔のドライブ……観光を満喫した。こうなればいっぱしの長浜通だ。

古い街と新しい街が混在し、上手く調和がとれた街づくりは大成功となっている。時、まさに大河ドラマ「江」[*2]の影響で観光客がいっぱいだった。

＊2
NHK大河ドラマ『江～姫たちの戦国～』は、2011年1月9日から同年11月27日まで放送。脚本は田渕久美子、主演は上野樹里。主人公の江のふるさと滋賀県でロケが行われた。

【兵庫県・明石】

『林喜商店』の炭焼あなご

二十数年にわたって年の瀬に頂いている絶品の「炭焼あなご」が大好物だ。文字をつくる会社『モリサワ』さんからの贈り物である。これが目茶目茶旨い。そこいら、ここいらのものではない。美味しい「あなご」は数々あれど、間違いなく全国的な絶品ものなのだ。

兵庫県明石産である。明石と聞けば「鯛」であり、「蛸」が名物と相場が決まっているが、瀬戸内は魚の宝庫だ。季節、季節の旬のものがごまんと収穫される。明治5年（1872年）からの老舗『林喜《はやき》商店』のイチオシが、伝統の味「炭焼あなご」である。あまり人に知られたくない、自分の秘かな楽しみにとっておきたい気持ちから、お知らせするのをためらっていたのだが、意を決して今回のおいしい手土産に決定とした。

明石に行ってみようかなと思ったもうひとつの理由は、『モリサワ』さんのパー

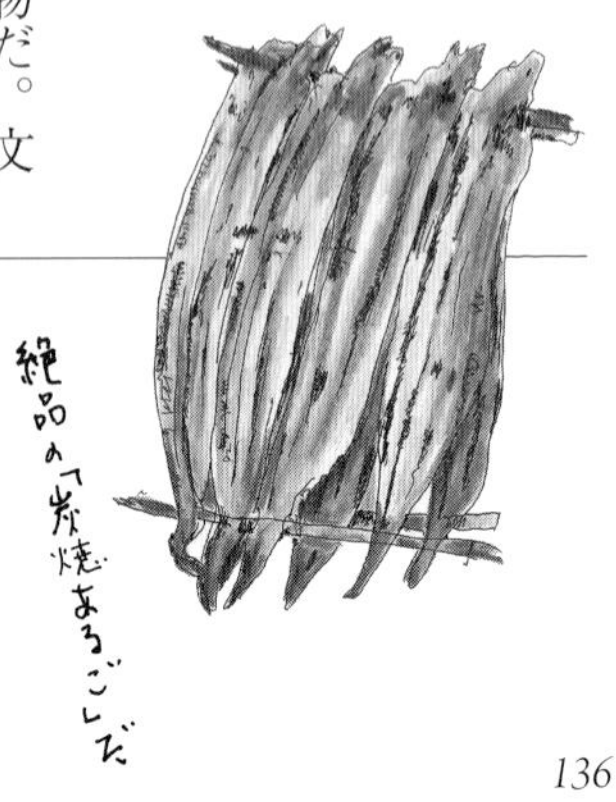

『林喜商店』
兵庫県明石市本町1丁目4-20
☎078-911-3378

※『林喜商店』はテイクアウトのみ。併設する食事処『喜八庵』（昼12時～品切れまで）では焼きたての穴子を使った料理が頂ける。『喜八庵』へのお問い合わせは『林喜商店』まで。

ティで見事なスナックを知ったことにもよる。その名は「たこもちパン」。今まで食べたことのないものといえばおおげさかもしれないが、アレの食感に、コレとソレの美味しいところにナニの旨さを加味したもの……言ってみれば、どこかで体感したことがありそうなのだが、ナニとは言い切れない面白い軽食なのである。

なにせ、パーティで数多くの一流料理人の手による絶品たちが並んでいる中にあって、「たこもちパン」にはひときわ人だかりができていたのだ。皆、口に入れては「これナニ！！」「スゴイ」「イケル」の連発であった。これは明石へ行かねばならないと、その場にいた友人の望月くんを誘ったというわけだ。

前から言っているが、知らない土地に行くには、口コミサイトなりグルメ本がこんなにあるとはいえ、土地に詳しい人にご案内いただくに越したことはない。

明石駅前に位置する『魚の棚』（地元の人は「ウオンタナ」と呼んでいる）という商店街に足を運んだ。「鯛」を扱う食べ物屋さん、練り物屋さんは当然のこと、お菓子屋さんもあれば、お土産屋さんも目白押しだった。実に楽しい商店街だ。「炭焼あなご」のお店、老舗『林喜商店』もパーティの出合い頭で感動した「たこもちパン」を売っている『グロッケントルム』[*1]も、「子午せん人丸」という郷土銘菓のお店もここにあった。

まずは『たこ磯』にて、出汁で頂く明石焼き「たこ磯」で休息し（四六時中列

＊1
『グロッケントルム』は隣の和菓子屋さんが経営していたパン屋さん。現在はともに閉店。

をなしている)、仕上げは、ちょっと離れたところにある寿司の名店『菊水鮓』とした。ここで頂いた「あなご棒ずし」(『林喜商店』の炭焼あなごを使用)、「ちらしずし」の美味しさたるや、七十有余年生きてきて初体験の感動ものであった。参りました。「アジアバー」だ(意味不明の感動言語)。

【三重県・伊勢】

『赤福』の赤福餅と『五十鈴茶屋』のおかげ犬サブレ

「お白石持行事」*1に行きませんか？ と、1年前に友人から誘いを受けた。子どもの頃に遠足で行ったことのある馴染みの「お伊勢さん」に久し振りに行けるんだ、と軽い気持ちで「行きます」と返事をした。友人とは、宮澤正明くんのことである。もう何年も「お伊勢さん」を撮り続けている写真家だ。宮澤くんのお薦めの行事なのだ、何かあるのだろうと期待に胸膨らませ、それから1年後の今夏にかの地へ出向くことになった。

酷暑の旅だった。噂には聞いていたが、さすが20年ごとに社殿を造り直す「式年遷宮」の年だ。遷宮の行事のひとつ、宮川から拾い集めた白い石を新しい社殿に奉献する「お白石持行事」である。身が引き締まる緊張感を感じた。約1か月

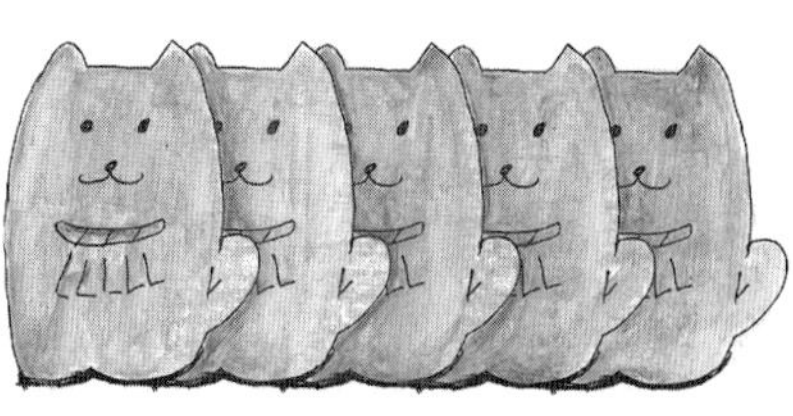

「おかげ犬サブレ」が若いカップルに大人気。

『赤福』
本店：
三重県伊勢市宇治中之切町26
☎0596-22-7000
☎0120-081-381

『五十鈴茶屋』
本店：
三重県伊勢市宇治中之切町30
☎0596-22-3012

*1
「お白石持行事」は神宮式年遷宮を構成する祭事のひとつ。式年遷宮によって新設された伊勢神宮の正殿の敷地に白い石を敷き詰める、伊勢の民俗行事。

にわたるこの行事の期間中、全国から数万人の人たちが奉献にやって来るわけだ。内宮までのおはらい町をかけ声とともに通り抜ける約1キロは圧巻であった。この行事の間、無事に遷宮がなされることを願い、神領民《しんりょうみん》と呼ばれる地元の人々や全国からの参加者が1人1個の「白い石」を持ち、奉献するのだ。一日に参加するのは1万人とも言われている。

もう次なる遷宮には参加できない（するつもりではあるのだが）だろうから、良い体験ができた。思い立ったら何事も億劫がらないで参加することをぜひお薦めする。

せっかく「お伊勢さん」に来たのだからと、江戸時代の「お伊勢参り」の風習にのっとって、いろいろなオプションを楽しんだことは言うまでもない。ホテルの伝統料理の黒鮑《くろあわび》ステーキがある志摩観光ホテル クラシック（現・志摩観光ホテル ザ クラシック）に泊まったが、伊勢エビがこれまた抜群の美味ときている。たまりません。鮑とともにしこたま頂いた。同行した友人Sくんがソムリエ級のワイン通であったのが幸いして、名立たるワインを総なめに（?）することができた。

翌日、名門「近鉄賢島カンツリークラブ」でのワンラウンドを楽しんだのはもちろんのことである。贅沢の限りだ。ゴルフは我が旅の定番である。ランチは伊勢牛の網焼きとくれば、完璧グルメツアーとなる（旅の目的が主客転倒だ）。

さらに「トコトンの精進落とし」と言わんばかりに、「おかげ横丁」*2の大散策をした。なんといっても『赤福』である。ひととおり往復を重ねてここに落ち着いた。今年の夏にマイブームだった宇治金時のかき氷*3を見つけて注文。あまりの美味しさに目が点となる。なんたって氷用につくられたあんことお餅が入っているんだもんね。実は、『とらや』の宇治金時が一等賞と思っていたが、勝るとも劣らない美味しさであった。

当然ながらお土産は『赤福』の「赤福餅」である。今回はもうひとひねり、おまけに『五十鈴茶屋』の「おかげ犬サブレ」を追加とした。

---

*2
「おかげ横町」は、50余りの店が軒を連ねる一つの町。伊勢の風土と文化が楽しめる。第61回神宮式年遷宮の年に、伊勢神宮内宮門前町「おはらい町」の中ほどで、お伊勢さんの「おかげ」という感謝の気持ちを持って開業した。

*3
『赤福』の夏季限定商品「赤福氷」。冷たい氷に馴染むように特別に作られた餡と餅は絶品。昭和36年に二見浦に海水浴に来ていたお客さんのために考案したのが始まりだそう。

【兵庫県・神戸】

『和記』の炭焼き焼豚

インテリアデザインという領域では括れない活躍をしている森田恭通さんの案内で神戸に来た。大阪出身の僕であるが、案外と近県のことは不案内である。京都ぐらいは大人になってから少々知ることはあったが、奈良、和歌山、神戸……は、ほとんど中学生程度の知識しか持ち合わせていない。まして「美味しいものの食べ歩き」なんてとんでもない、無理というものである。森田さんは神戸出身なのでご本人がわからないことが多少あったとしても、濃いぃ友人、知人が多く、隅から隅まで目を瞑っても歩いて行ける〝神戸の通人〟である。これは安心だと身を任せることにした。

　ということで、贅沢にも森田さんを添乗員とする2泊3日の「神戸美味しい処巡り」が敢行された。まずは、森田さんがデザインしたバーの3軒、『COOL』『IT's』『Bar Len』。このあたりは森田さんの出世作というか20代のまだ海のもの

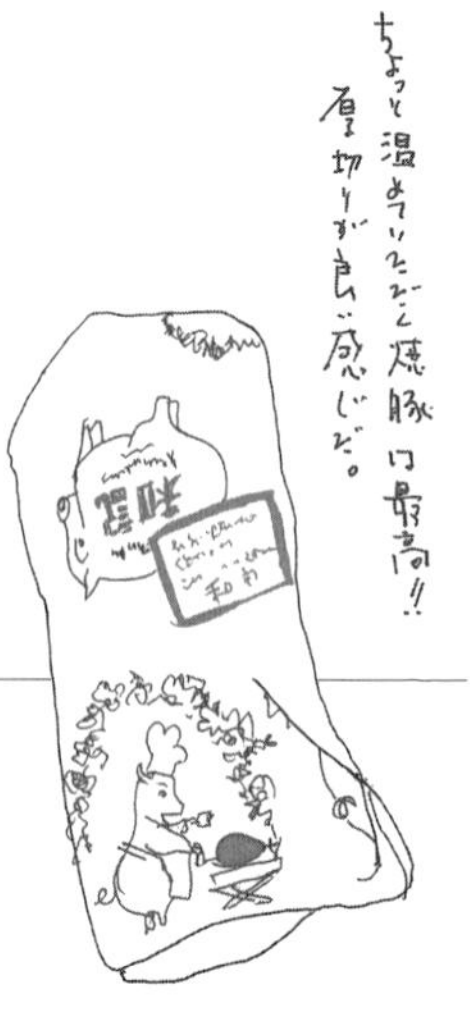

ちょっと温めていただく焼豚は最高!!
厚切りが良い感じだ。

『和記』
兵庫県神戸市中央区栄町通1-2-15
☎078-331-4337

とも山のものともはっきりしない頃に手がけたお店である。あの阪神・淡路大震災にもめげず、今もって賑わっている。お店が繁盛しているということは、デザイナー冥利につきるというものだ。

氷柱と炎がテーマの『HARRY'S BAR』をはじめとする、森田さんが主宰する「グラマラス」という事務所の作品群を見学した。「彼は単なるデザイナーでなく、そのお店の後々の収支決算まで計算できる稀有なデザイナーだ」という例の濃いぃ友人の証言まである。食前酒を飲むような気分で何軒かの酒場を回遊した。ほどよい酔いが身体中を駆け巡った。

そして、神戸トアロードの『中国酒家』に辿り着いた。今回、神戸にやってきた主たる目的は、ここの「フカヒレ」を食すことにあった。これは東京で幾度か食事会をしていた時からの話題であった。森田さんをはじめとする神戸のわけ知りの人たちが口裏を合わせるように『中国酒家』の「フカヒレ」を話題にしているのを耳にした。フカヒレの刺身のイメージが脳内いっぱいに「どんなんかなぁ、あんなんかなぁ」と膨れ上がっていた。ここまで高揚していると、通常は実際に口にした時に「?」となんだかガッカリするものだが、さすがほんまもんの味だ。あまりの美味しさに脳内がパニックとなった。今までに経験したことのない「慈悲」に満ち溢れた絶品の味であった。

鯛のお刺身も食べたが、そこらやここらと一味違い、また白いゴハンにかけて食べた麻婆豆腐、渡り蟹の春雨いための美味しかったことも忘れられない。

ことほど左様に神戸の中華は旨い。横浜、ニューヨーク、シンガポール、本場の香港、上海などいろいろなところで食べたが、その中でも僕は神戸の中華の味が大好きだ。

　というわけで当然、神戸の選りすぐった美味しい手土産は、中華街・南京町は『和記《わき》』の「炭焼き焼豚」に決定した。

【大阪府・岸和田】

『竹利商店』の時雨餅

9月の初旬、念願の祭りに参加することができた。僕が生まれた大阪は天王寺から30分とかからない隣街・岸和田の「岸和田だんじり祭」である。あまりの近さでいつでも行けるという安心感から今日まできてしまった。旧知のコシノヒロコさんのお誘いがあって初めて実現した。コシノヒロコさんのご一家[*1]は、あまりにも有名な岸和田出身の方々である。今回、お母さまの綾子さんのアトリエにお招きいただいたというわけだ。

街に一歩足を踏み入れるや否や、身体が「そ〜りゃそ〜りゃ」のかけ声と共にうずいてきて、気がついたらだんじりと一緒になって走っていた。これが祭りの凄さだ。

岸和田旧市22町の「だんじり」はとにかく街中を走り回っている。地響きを立てて走る地車（だんじり）は綱を曳く「曳き手」の子どもたちと青年団、「綱元」

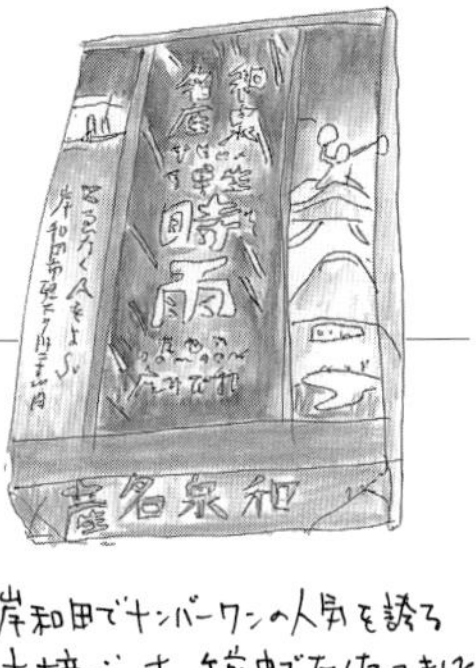

岸和田でナンバーワンの人気を誇るお土産で〜す。午前中でなくなってました。

『竹利商店』
大阪府岸和田市五軒屋町3-1
☎0724-22-2467

*1
コシノヒロコさんのご一家は、今は亡きお母さまの小篠綾子さんを「長女」として、ファッションデザイナーのヒロコ、ジュンコ、ミチコの3人の娘たちを加えた「4姉妹」とも呼ばれている。

「前梃子《まえてこ》」、だんじりの屋根上で両手に団扇を持ち羽二重の法被《はっぴ》を風に靡《なび》かせ華麗に舞う祭りの花形「大工方」、後方を司る「後ろ梃子」等々、大勢の人によって動かされる。

特に辻となる交差点や角をフルスピードで曲がる「やりまわし」は凄い迫力だ。看板がふっ飛んだり屋根が壊れるあれである。後をついて走る女子軍団と父兄は汗水垂らしている。何もかも忘れて無我の境地だ。走ることの意味は何もない、考えない。走ることによって全てを「破壊」し、次なる「創造」に向かって、ただ走っていると見た。見る方もイメージで走らざるを得ない。この爽快感は他にたとえることができない。素晴らしいライブだ。興奮しながら身体を揺すり見学していたが、あまりにも気持ちよさそうなので思い余って街に飛び出した。

父兄軍団と一緒になって小一時間走ってみた。年齢も何もかも忘れて走っていた。余韻に浸りながら、来年もまた来たいと思った。いや、再来年もまたその次の年も生きている限り来たいもんだ。走り続けて、「破壊」と「創造」を繰り返して生きていることを確認した。

あまりの刺激、興奮にすっかり忘れていたことがある。おいしい「手土産」だ。前日に調べもしたし、コシノヒロコさんのスタッフからも情報をいただいた。また滞在当日にいろいろな人にリサーチもした。2つ3つあげてもらった中に、必ず名が出たのが『竹利商店』の「時雨餅《しぐれもち》」である。あっと気が付いてその店目指して走ったが残念無念、売り切れてしまっていた。当たり前ですわなぁ、年に一度の祭りですもんねぇ。次の日に購入、祭りの余韻と共にお土産とした。

【三重県・伊勢】

『豚捨』の肉みそ

『豚捨《ぶたすて》』とは奇妙な名前だ。面白いといえば面白いネーミングである。見ようによっては「どうだ」といったふてぶてしささえ感じさせる。しかしちょっとふざけた名前のこの手の土産物で、未だかつて納得のいく美味しい味のものに出くわした覚えがない。だからこの『豚捨』なるブランドの「肉みそ」のビン詰めを手にした時は「またか」の思いで一瞬身を引いた。

写真家の宮澤正明くんが伊勢神宮の写真集を上梓した。20年に一度の式年遷宮に合わせてまた撮り続けていると聞き、その撮影に同行した。[*1] ことの始まりは、その時に立ち寄った伊勢牛の老舗『若柳』でのことだ。お肉は「あみ焼き」に限ると意見が一致した。極上の伊勢牛のヒレ肉（大阪ではヘレという）を伊勢特有のタマリで調合したタレを付けて、炭火に網で焼いて大根おろしで食した。実に絶品。軟らかく、いくらでも食べられる、品のある美味しさだ。お腹いっぱい、

『豚捨』
おかげ横丁 豚捨：
三重県伊勢市宇治中之切町52
☎０５９６-２３-８８０２（物販）
☎０５９６-２３-８８０３（飲食）
※パッケージのデザインは取材当時のもので、現在のものとは異なります。

＊1
式年遷宮の年のお伊勢さんへの旅の様子は１３９ページ参照。

しこたま頂いた。

帰り際、玄関で休憩している時に目に留まったのがこの『豚捨』の「肉みそ」であった。伊勢の土産とは何と言っても「赤福餅」が通り相場だ。「おかげ横丁」が目に浮かぶ。今回もそれと決めていたので、ここではあまり土産物を意識していなかったが、玄関で目にしたこれがなぜか気になった。ネーミングなのか、先ほど頂いたお肉のあまりの美味しさゆえか、とにかく気になって女将さんに聞いてみた。すると、明治創業の食肉店の店主が「捨吉さん」と呼ばれていて、この店の牛肉があまりにも旨いから「豚なんか捨ててしまえ！」と客が豚肉を投げ捨てた、というのが牛肉にこだわる『豚捨』の誕生、という逸話を聞かされた。

「肉みそ」をひとさじ試食をしてガァーンと脳天に衝撃を受けた。たかがビン詰めの肉みそで、と思われるかもしれないが、ほんとに『豚捨』の「肉みそ」には侮れないものがある。土産に持ち帰り5人におすそわけしたが、5人が5人とも名前に親近感を抱き、美味しさに驚きを隠さなかった。「こんな別嬪見たことない……」という古い歌謡曲になぞらえて言うならば、「こんな絶品見たことない」といったところだ。

今回の伊勢の旅は、『豚捨』をはじめとして収穫が多かった。内宮・外宮のお参りで姿勢を正したのはもちろんのこと、志摩観光ホテルのディナーは、あわびのステーキと伊勢海老で舌鼓を打った。そして伊勢牛の『若柳』である。さらに「近鉄賢島カンツリークラブ」のカレーライスに納得と、充実した1泊2日だ。付け加えさせていただくが、名古屋の手前で途中下車して、割烹『日の出』の桑名の蛤（めちゃ旨い）を食して締め括ったのだが、これまた粋なものであった。

【大阪府・ミナミ〜中之島】

『たこりき』のたこやき

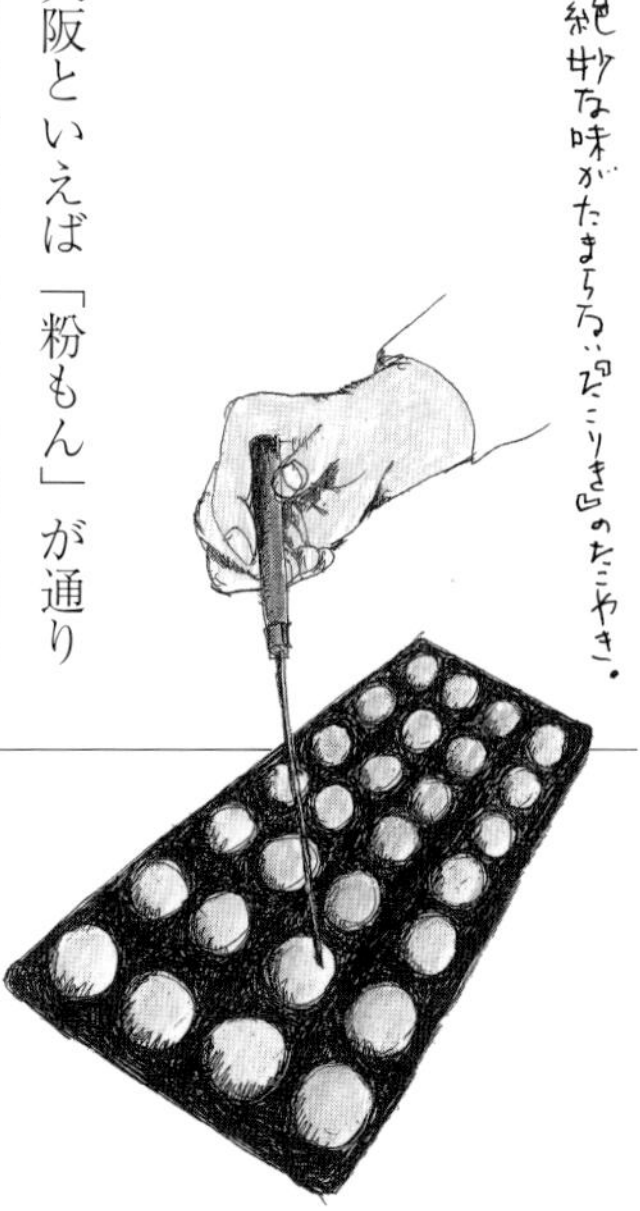

うどんにはじまり、たこ焼き、お好み焼きと、大阪といえば「粉もん」が通り相場である。僕が五十数年前に東京へやって来た頃に何が困ったって、慣れ親しんだお好み焼き屋さんから離れてしまったことである。大阪では当時から「向こう三軒両隣」で粉もんが売られていた。そろそろ戦争の爪痕も癒されかけてきた頃である。正田美智子さん（現・皇后陛下）と皇太子（現・天皇陛下）のご婚約で「ミッチーブーム」が巻き起こっていた。軽井沢のテニスコートでのツーショット写真が新聞報道されたことで少年・少女はテニスに憧れ、テニスのラケットを小脇に抱えたカップルが爆発的に増え、全国を席巻した。

　最近の「粉もん事情」としては、東京にもそれなりのお好み焼き屋さん、たこ焼き屋さんが出店されている。しかし、残念ながらまだお土産（テイクアウト）としては、それらで納得するものがない。そこでこの度、私のとっておきの「た

『たこりき』
大阪府大阪市中央区瓦屋町1丁目6-1
☎06-6191-8501

こ焼き」土産をご紹介したいと思う。
「粉もん」食べて70年あまり、やっと納得のいく代物に出くわした。大阪は谷町9丁目に『豚玉』というお好み焼き屋さんがある。そこのマスター・今吉正力さんが研究に研究を重ねた末に開店にこぎ着けたのが『たこりき』である。マスターのしつこさが実を結び、どこに出しても恥ずかしくない「たこ焼き」が完成したというわけである。

話は変わるが、久しぶりの大阪で新しいアートスポットを発見した。淀屋橋から歩いて10分ほどの川っぺりにあるアート空間『de sign de（デザインで）』である。アメリカ西海岸にあるようなお洒落加減の建物だ。先鋭的な空間に数々のアーティストやデザイナーたちが集まり、パワー全開といったところだ。

大阪という街はアヴァンギャルドである。かつては数々のビル群、大阪市中央公会堂、大阪城、吉原治良さん率いる具体美術という前衛集団もあった。下町のオジサンが宇宙ロケットを飛ばすこともある。大阪という街は、もっともっと日本の、いや世界の範たるべきだと思う。「粉もん」から「前衛」まで今回の手土産話は相当な振り幅の話となりましたなぁ。

中国・四国

愛媛 道後温泉本館

鳥取 鳥取砂丘

厳かなんで「厳島神社」と
言うんでしょうか。感動しました。

広島 嚴島神社

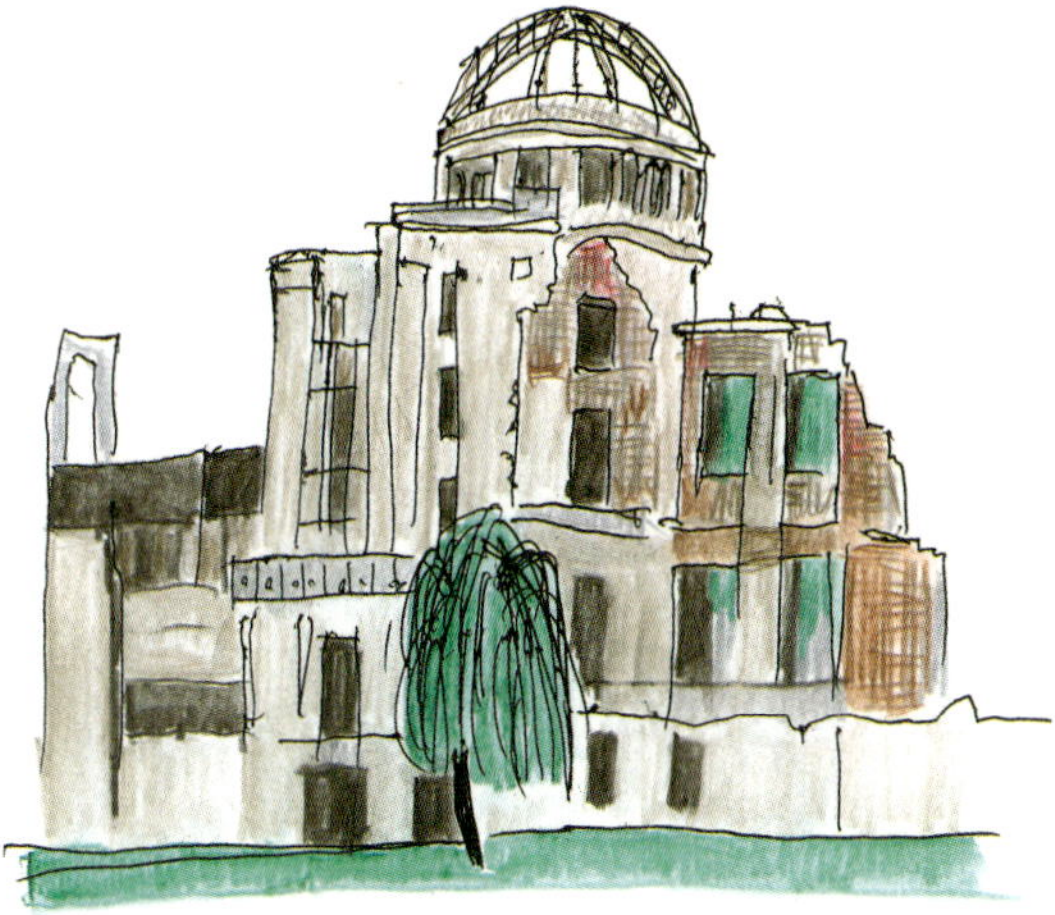

広島 原爆ドーム

愛媛 松山市内の街並み

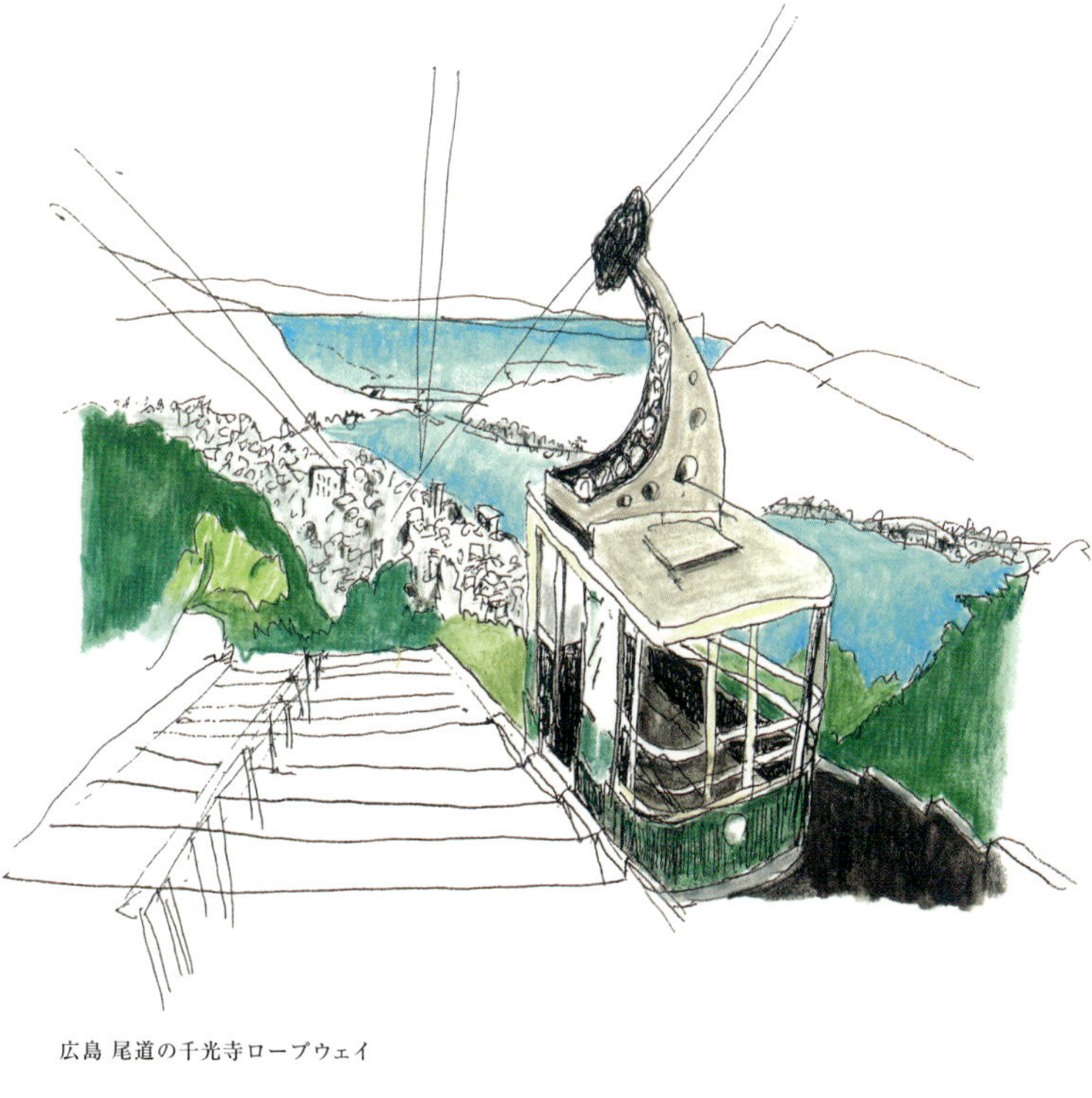

広島 尾道の千光寺ロープウェイ

愛媛 奥道後ゴルフクラブ

【鳥取県・鳥取】

『鳥取港海鮮市場　かろいち』のアゴの竹輪

ご存じかも知れないが、僕が大ファンの「植田正治」という世界的に名の通った写真家の美術館が鳥取県にある。

1980年代の頃、タケオキクチの洋服を着せて、モノクロームのファッション写真を鳥取砂丘で撮られていたと記憶している。男女何人かが白い砂の上に点在している図である。シュールレアリスムの精神を広告という世界に何げなく取り入れた秀作である。

温厚な好々爺の人柄から、なんと過激を秘めた写真表現をされるのかと参ったものだ。それ以来、鳥取砂丘が、ことあるごとに僕の脳裏を掠めることになった。

飛行機が着陸態勢に入り、鳥取空港へ滑空しているところで眼前に広がる海岸線の美しさに息をのんだ。「植田さんの写真の舞台はここだったんだ」と、思わずこれが「あの砂丘か」と唸ってしまった。

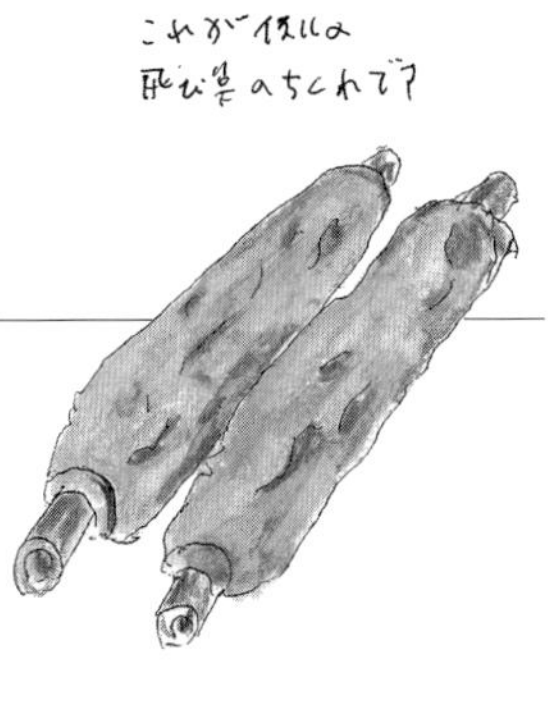

『鳥取港海鮮市場　かろいち』
鳥取県鳥取市賀露町西3丁目27-1
☎0857-38-8866

日本という島国は四方を海に囲まれているわけだから海岸線の美しさを発見するのは容易なことだろうが、空から見る鳥瞰図は滅多に見ることができない。たまらなく美しいものだ。旅の楽しみはこういった発見が随所にあるからだろう。

さて、目的の一つ、「日本一美味しい」と言うSさんのお薦めで、空港より車で小一時間の倉吉市にあるおそば屋さんに直行した。着いてみると、看板とのれんには、食堂・喫茶『道草』とあるじゃありませんか。日本一のおそば屋さんとは程遠い第一印象に、「まじですかぁ」と一瞬戸惑ったが、ご主人の藤田さんの顔を見てなんと純な人なんだろうと、Sさんの言うことに納得。ご主人のつくられる数々の海のもの、山のもののお料理に感動した。早朝に山菜を摘み、岩魚やヤマメを釣り、海に行っては海藻を採り……、東京では絶対食べられないようなご馳走を頂くことができた。

もう一つの食のサプライズは、〝イタ飯〟でした。こちらも期待以上。地魚の豊富なこと、食材の宝庫である。建物がどうの、インテリアがこうのは関係ない。大切なのは、ご主人の腕と、気分と、愛情である。特筆ものはアゴ[*1]のポルペッティーノ（団子）。『パドリーノ』の加藤さんの腕前に敬服した。

さてそこでお土産だが、僕はいわゆる「練りもの」が大好物で、日本全国どこに行っても、その土地の〝名物練りもの〟を探してしまう。鳥取でも当然見つけ

＊1　トビウオの別名。九州や日本海側の地域ではアゴと呼ばれる。

た。「とうふちくわ」に「アゴの竹輪」等々、『鳥取港海鮮市場 かろいち』に、わんさかあった。

そこで今回のお土産は、「アゴの竹輪」に相なりました（自分の好物を人様への土産にするのが基本である）。

【広島県・宮島】

『やまだ屋』のもみじ饅頭

最初に「もみじまんじゅう」という名前を聞いたのは、第一次漫才ブームの頃である。漫才コンビ「B&B」の島田洋七さんが「もみじまんじゅう〜っ！」と大袈裟なジェスチャーで叫んでいたのが目に浮かぶ、あの時である。「もみじまんじゅう」は、一説には明治の元勲・伊藤博文公の逸話が起源となって、漫才の島田洋七さんで全国区になったということだ。

今回、広島ADC（アートディレクターズクラブ）の発足と、その記念展の作品を審査する委員として招かれ、この「もみじまんじゅう」と久し振りに再会した。そこのメンバーの一人が「黒もみじ饅頭」のパッケージデザインに携わっていて、審査のお礼にと、それを頂いたというわけだ。

定番のつぶあんに、こしあんが加わったくらいだろうと思っていたら、ナントナント、いつの間にか「もみじまんじゅう」もずいぶんと進化したもので、チョ

『やまだ屋』
宮島本店：
広島県廿日市市宮島町835-1
☎0829-44-0511

やまだ屋のニューフェイス「竹炭入り」の「黒もみじ饅頭」が評判です。

コもみじ、クリームもみじ、チーズもみじ……。抹茶もみじまでできているという、〝もみじ〟のオンパレードには驚いた。

さらになんと、それだけではなかった。次なる一手は「黒もみじ饅頭」であった。「黒」といえば、黒魔術、黒蜥蜴《とかげ》。なんだか怪し気である。おおよそ食べ物に「黒」というネーミングは合わないとイメージするが、それを見事に覆している。絶妙に買い手の心境を裏切った、たいしたネーミングと感心した。

おそらく年間に何百万個、いや何千万個が世に送り出されているはずだ。これだけ大勢の人に愛されているのだから不味《まず》いわけがない。ということで「もみじ饅頭」の『やまだ屋』を訪ねるため、宮島まで足を延ばし、そのついでに世界遺産の厳島神社にも行ってきた。

広島といえば、もうひとつの名物は「お好み焼き」である。大阪の出身である僕はどうしても、郷土愛というか、大阪の「お好み焼き」のほうが美味しいと主張する立場であるが、今回の表敬訪問で考えが変わった。

「寿司と回転寿司」、「鯖寿司とバッテラ」。ちょっとローカルだけど、街では「梅田駅と大阪駅」。もうひとつ「天王寺駅と大阪阿部野橋駅」のごとくである。名前は同じ「お好み焼き」であるが、まったく別の食べ物と考えたほうがよいと思った。視点を変えて食べてみると、広島のお好み焼きの「なんと美味しいことか！」。

連日通わせていただいた。

ちなみに、以前、広島に来たときに気に入ったバーがあった。その名が『窓』という。嬉しいことに健在だった。もうひとつ地元の人たちにえらく人気のある居酒屋『なわない』で食べた「牡蠣づくし」が美味しかったことを付け加えたいと思う。

【広島県・尾道】

『桂馬蒲鉾商店』のかまぼこ

僕たち昭和14年（1939年）生まれは、かすかに戦争の記憶を共有する体験者たちである。「焼け跡・闇市世代」と「戦争を知らない子供たち世代」の狭間に位置している年代だ。僕は、広島に原爆が投下された65年前の8月は、尾道（正確には2つ駅を上った「松永」）に疎開をしていた。

「なにかわからないけど、今まで見たこともない爆弾が広島に落ちた」という噂が広まった。数日後、あきらかに操縦席にいる男が「外国人」だと認識できるくらいの低空飛行で、一人乗り戦闘機が尾道上空に飛んできた。その男は爆撃しに来たのではなく、僕に向かってにこやかに手を振っていた。今思えば玉音放送が流れ、戦争に終止符が打たれた時であったのだろう。

以前、広島の原爆記念日に縁あってポスターを作り、秋葉忠利市長（当時）にプレゼントした。そのとき、「記憶を確認しよう」と尾道に行ってきた。

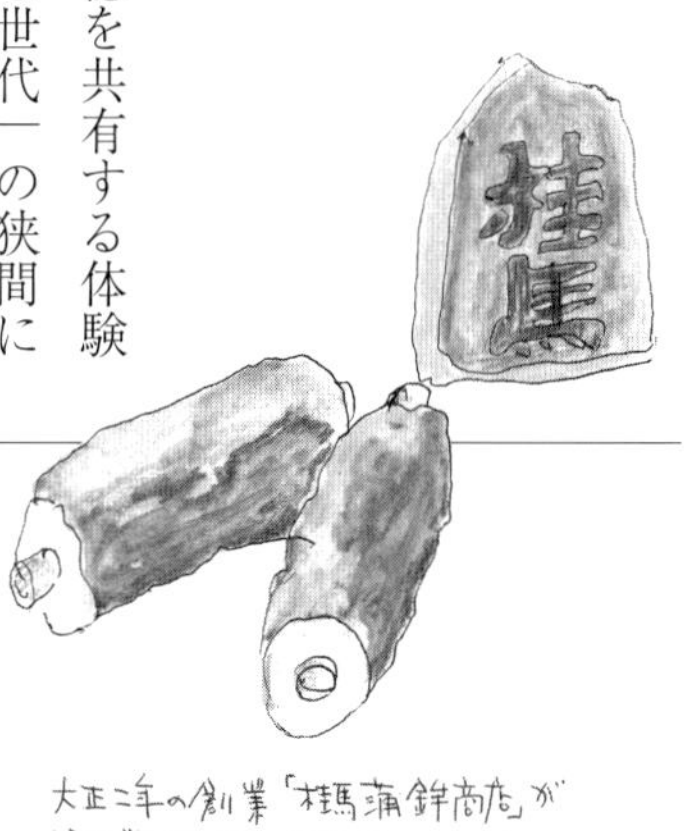

大正二年の創業「桂馬蒲鉾商店」が
好きです。駒焼・豆竹輪がおすすめ。

『桂馬蒲鉾商店』
本店：
広島県尾道市土堂1丁目9-3
☎0848-25-2490

僕の記憶の中にある尾道駅は木造駅舎で、駅員さんが4、5名の田舎の駅であった。ここでよく独り遊びをしていた覚えがある。駅からすぐ前に渡し舟があり、振り返れば、聳え立つ山に、へばりつくように家々が三々五々、建っているという風景である。

それが今では、中国地方有数の大きな駅となっている。観光に、文学に、商業に、映画に、テレビにと、よく耳、目にする。

まずは興味のあるところを二つ、三つチェックして歩いた。

千光寺山ロープウェイで頂上に上ると尾道市内が一望できるとともに、瀬戸内海の島々の美しさが眺められる。四季折々、朝に夕に見る島々のシルエットは日本の誇りともいえる絶景である。

安藤忠雄さん設計の「尾道市立美術館」に立ち寄ると、同業の絵本作家スズキコージさんの展覧会をやっていた。これはラッキーなことだった。旅の途中で、偶然、知り合いの展覧会などに出くわすと嬉しくなってしまうものである。

ロープウェイを降りたあたりが、尾道市土堂の商店街で、ここを散策するだけで一日が豊かに過ごせる。『めん処　みやち』は、言わずと知れた尾道ラーメンの店である。『珍味の小倉』では、天日で干した「干しだこ」*1がお土産によい。優れものバッグの店『尾道帆布』も商店街にある。銭湯をリフォームした喫茶店『ゆー

---

*1
『珍味の小倉』の瀬戸田名物地物の「干しだこ」は、ちょっと炙って食べたあと、さらに細く切って「タコ飯」にすると美味しいらしい。思わず買ってしまった。

ゆー』がいい雰囲気を醸し出している。

さて、今月のお土産を購入した『桂馬蒲鉾商店』は大正2年（1913年）創業の老舗で、やはりこの土堂商店街にある。看板に「地穴子・地海老・地蛸　瀬戸内海の旬素材を蒲鉾に仕立てた」とある。「全国練り物愛好会」の〝自称会長〟の僕としては、もってこいのお土産ものであった。

【愛媛県・松山】

『西岡菓子舗』のつるの子

あそこの鰻が旨かった、どこぞの肉がなかなかいける、やれ、鯛は瀬戸内だ、三陸だ、大間のまぐろはやはりいいねぇ、といった情報交換をする友人、知人が大勢いる。これはありがたいことだ。

今回もN工学院の校長、Cさんから今治で目茶美味しいお寿司屋さんに出合いました、との連絡をいただいた。「なにしろ東京と違ってさすが瀬戸内ですね。お寿司屋さんといえばマグロに頼りがちですが、ここ『健寿司』はカウンターのショーケースが白っぽいんです」と言う。注釈すれば瀬戸内は白身の魚が多いという意味だ。要するにお値段ばかりのマグロに頼らず、美味しい瀬戸内のもので勝負しているということである。「行きましょう」と二つ返事。「お土産もんを探しておいてくださいね」とお願いし、おっとり刀で馳せ参じた。

旅を快適に過ごせるか否かには、目的地の有力な案内人の有無が左右するもの

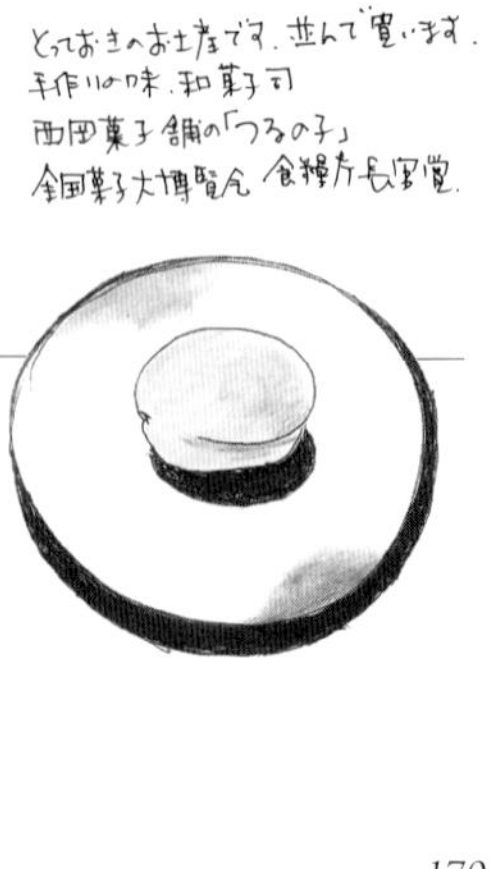

『西岡菓子舗』
愛媛県松山市道後一万9-56
☎089-925-5642

である。今回も強力な助っ人として、広告エージェンシーのIさん、K学園のKさんのお二人が待ち構えてくださった。

『健寿司』での宴会はとっておきの「十四代」の焼酎をお湯割りにして始まりました。鯛に始まり、アイナメ、タコ、イカ、サワラのお刺身はここでしか食べられないほどの逸品。親方・健さんのおすすめで浅蜊の酒蒸しを箸休めにいただき、ウニは北海道というのが相場だが、瀬戸内のウニがいけるとのことなので、赤ウニをいただく。ちょっと変わったところでは、亀の手（甲殻類ですね）、コウナゴ、イギス（土地の海藻で、長崎あたりではイギリスと言うらしい）、フグ（尾張名古屋に引っ掛けて終わりに）となった。いやはや噂に違《たが》わぬ美味しさと愛媛県人の人情で、というのか、最高の一夜を過ごせた。

今回の旅で他にも行きたいところがあった。伊集院静さんが正岡子規のことを小説雑誌で「ノボさん」*1と題して連載し、その挿絵を担当していた都合上、松山まで足をのばして子規記念博物館にも行きたかった。今治ではB級グルメの全国大会で話題になった「今治焼豚玉子飯」も味わってみたかった。また、タオル美術館にも行ってみたいとリクエスト。島々を結ぶ橋伝いにドライブもしてみたいと「大三島詣で」をした。お城フェチとしては今治城に松山城は欠かせない。目いっぱいの2泊3日である。Kさんなくしては成り立たないスケジュールだった。

*1 「ノボさん 小説 正岡子規と夏目漱石」（『小説現代』2010年7月号〜2013年8月号にて連載）。

満足、満足、感謝、深謝である。

Kさんには何から何までお世話になった。「お土産もんを探しておいてくださいと」と最初にお願いをしておいたところ、『西岡菓子舗』の「つるの子」が優れものですと用意してくださった。空港の売店では、僕の好きな練りものが目に入った。実演販売である。しかも空港にしかない「四国の形」をした揚げもの（薩摩揚げ）であった。買わずにいられない。おまけのお土産として持ち帰ったのは言うまでもない。

【愛媛県・松山】

『谷本蒲鉾店』のじゃこ天

ゴルフをちょっとカジッたことのある人、特に50代以上の人たちは、このとんでもないストーリーを持つゴルフ場のことは耳にしているはずだ。ゴルフのゴの字も知らなかった時の僕でさえ、この話を聞いて唖然とした。瀬戸内海を股に掛けて活躍した立志伝中の人・坪内壽夫《ひさお》というとてつもない男が、文学をエンターテインメントとして定着させた作家・柴田錬三郎のために、いともたやすく18番ホールの立派なゴルフ場を造ったという話だ。

柴田氏だけがメンバーとして登録されている世界でも例のないゴルフ場である。僕はゴルフをやり始めて30年近くになるが、この話がズーッと頭の片隅に残っていた。今回松山に講演に行った帰りがけに、これ幸いと訪ねてみた。坪内氏の、世界一のゴルフ場を造るという「念」が、想像どおりの摩訶不思議なオーラとして、この「奥道後ゴルフクラブ」に感じられた。

谷本のじゃ天
何枚でも食べれそうです。
ジャリっとする食感が良い

『谷本蒲鉾店』
道後店(道後温泉本館前)：
愛媛県松山市道後湯之町20
☎089-933-3032
※地方発送や商品のお問い合わせは本店へ
(☎0894-22-0266)

柴田氏と画家の横尾忠則さんのコンビは有名である。ゴルフとは無縁に思われる横尾さんも、柴田氏に「奥道後ゴルフクラブ」でゴルファーの第一歩を示されたようだ。横尾さんのアイアンとシューズを、僕がゴルフを始めた時にプレゼントしていただいたのも、ご縁というものか。赤い糸で結ばれている。

話は脱線してしまったが、松山といえば何といっても練り物の宝庫、中でも「じゃこ天」は外せない。ここのゴルフ場のメニューにももちろん、名物として名を連ねていた。何年か前にお土産として頂戴した「てんぷら」が歯触り、香り、見た目のテカリ、小魚を骨皮ごとすり身にする〝ジャリつき〟の食感……。今まで見たことも、味わったこともなかった新鮮な出会いだった。それが「じゃこ天」であると知ってから、四国地方に出張の人、故郷が四国の友人、知人に、ことあるごとに「じゃこ天」をよろしく、とお願いしていたほどである。

坊っちゃん列車に乗っていくあの「道後温泉本館」には、松山に来た限り一度は顔を出しておかなくては、と立ち寄る。この道後温泉本館を出たところに『谷本蒲鉾店』の出店があった。揚げたての「じゃこ天」を立ち食いしたが、これは絶品だ。ここでしか味わえないプレミアム「じゃこ天」というところか。道後ビールで乾杯、旅の「お疲れさま」で喉を鳴らす。五臓六腑に染み渡る。お土産の練りものを見繕って包んでもらったのは言うまでもない。大収穫だった。

【岡山県・岡山】

『大手饅頭伊部屋』の大手まんぢゅう

岡山県には何かと縁がありながら、一度も行ったことがなかった。今回、友人のコピーライター・若山憲二くんの紹介で、養鶏場『アルムの里』を主宰する荒嶋望さんが起業するので手伝ってほしいとの連絡があり、行くことになった。

岡山県に縁のある友人たちに、「岡山に美味しいものを食べに行きましょう」とお誘いをいただいたことがあったり、岡山行きのチケットまで用意していただいたことも何度かありながらも、日程のトラブルでこれまで行けなかったのだ。

伊集院静さんと阿川佐和子さん、写真家の宮澤正明くんと僕でよくゴルフをするのだが、岡山県玉野市にある「東児が丘マリンヒルズゴルフクラブ」に行こうと日時まで決めていたのが、台風で中止になったこともあった。今回、岡山に行くのだから、絶景で名高いその「東児が丘マリンヒルズゴルフクラブ」に行きたいとお願いしたところ、荒嶋さんが気持ちよく手配を引き受けてくださった。

なかなかの「大手まんぢゅう」は
土産にピッタリ

『大手饅頭伊部屋』
京橋本店：岡山県岡山市北区京橋町8-2
☎086-225-3836

ところが不思議なもので、「世間は狭い」ものである。阿川佐和子さんのお友達・岡野晴子さんのお母上（伊原木洋子さん）が「東児が丘マリンヒルズゴルフクラブ」の理事長をされていたのだ。その上、岡野さんは僕がお世話になっているお医者さんの奥様であられた。何ともかんとも一本の糸が幾重にも結ばれて、「こぶ」ができるほどのご縁が岡山県と僕の間にあったのである。

ここは噂に違わぬ風景の素晴らしさに加え、石川遼選手が15歳で国内史上最年少で優勝したところとしても有名である。そして、さすがだ、瀬戸内のゴルフ場は食べるものも最高だった。プレイヤーはゴルフクラブの食堂にあまり期待しないのだが、ここは僕が知る限り日本でも有数のところではないだろうか。飯蛸のてんぷら、穴子のみりん干しの美味しさは忘れることができない。当然、コース設計の面白さもあり、完全にリピーターとなってしまいそうである。

岡山県には、岡山城・後楽園など風光明媚なところがあり、悠々とした時間が流れる倉敷の街並みがある。西大寺の祭りや岡山表町商店街のアーケードに驚かされる。また、瀬戸内の「食」もある。リピーターにならざるを得ないのだ。

最後に、若山くんとっておきの、美味しい隠れ家のような割烹『楽旬菜 佐とう』と、〝おいしい手土産〟として『大手饅頭伊部屋』の「大手まんぢゅう」をご紹介して、この旅を終わりとしたい。

九州・沖縄

鹿児島 桜島

長崎 九十九島の眺め

大濠公園のなかにあるパワースポットです。
何かを感じました、ですよ。

福岡 大濠公園

福岡 能古島～姪浜間の市営渡船

福岡 能古島

福岡 北九州の門司港レトロ

沖縄「沖縄美ら海水族館」の彼方に沈む夕日

【福岡県・北九州市】

『料亭金鍋』のぬか炊き

画家・黒田征太郎さん、写真家・四宮佑次さんが俳人・種田山頭火への熱きオマージュを競演した展覧会「それぞれの山頭火」*1が、九州は小倉の『井筒屋』さんにて催された。

トークショーには、あの怪優・麿《まろ》赤《あか》兒《じ》さんがサプライズで出演されるとのことで、すぐに飛んでいった。本当はそれだけでなく、久し振りの小倉。美味しいものが頂けることへの期待も含めて、であるが……。

さすがは麿さん、トークショーの場所から展示会場へ、所狭しと踊るパフォーマンスは、１９６０年代後半の〝アングラ演劇〟で感じたような熱き心を彷彿させる。当時は、唐十郎率いる「状況劇場」があり、寺山修司が主宰する「天井桟敷」ががんばっていた。新宿駅前ではフォーク集会が盛り上がっていた時代だ。感慨深いものが過る。

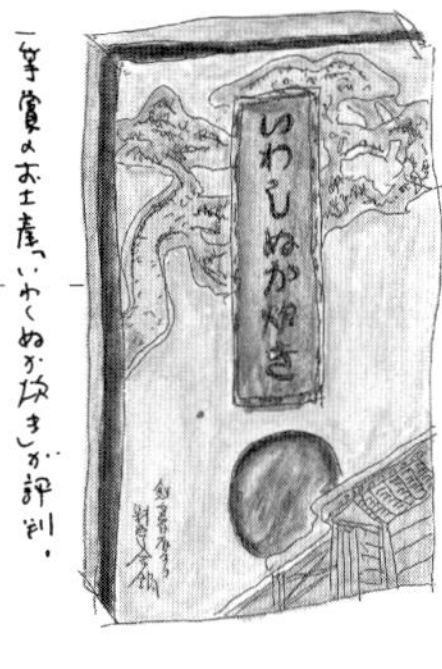

『料亭金鍋』
本店：
福岡県北九州市若松区本町2-4-22
☎093-761-4531

*1
東京、大阪に続き、２００８年9月に北九州・小倉で開催された期間限定の展覧会。

この3人の楽屋はお祝いの訪問客が目白押しである。差し入れの日本酒、洋酒、焼酎、ワインと、3人のお人柄で卓上はいっぱいとなり、開演前からすでに〝大いなる酒席〟へと変貌。ちょっとした「角打《かく》ち」*2（立ち呑み）となっていた。

そこで、今回の〝おいしい手土産〟となるのだが、お酒におつまみは付きもので、おせんべい、落花生、塩豆に枝豆、唐揚げ、佃煮からお寿司、さらに僕の好物、「角打ち」のスタンダードであるところの、練り物へと目が泳ぐ。

そこに忽然と現れたのが『料亭金鍋』の「ぬか炊き」という優れものだったんです。説明書きによれば、九州小倉城主・小笠原家に代々伝わる伝統料理とのこと。料亭で100年間、受け継がれた「ぬか床」を使い、炊き上げたという「いわし ぬか炊き」である。

これがお酒、焼酎にピタリの相性のよさ。思わず「スゴイ!!」と叫んでいた。温かい炊きたてのご飯にこれを載せて食べるのも一興でしょう。地元の人々に聞いたところ、当然、誰もが、よぉーく知っていた。もちろん、「あの人と、この人と、Nさん、Mさんに……」と買って帰りました。おいしさで喜ぶ皆の顔が目に浮かびます。

もうひとつの目的はお鮨屋さんの『小山』に行くこと。以前、小倉在住のプロデューサーさんが連れていってくれた『小山』は、若き頑固オヤジ（僕より年下

---

*2
北九州では、「酒屋の店頭で酒を飲むこと」を「角打ち」と言う。酒屋は計り売りの時代、升を借りて縁に載せた塩をアテに、その場で立ち飲みしており、諸説あるが、枡の角で飲むことから「角打ち」と名付けられたと言われている。

だが）が美人の奥さんとともに仕切っている。食材も飯の炊き方も、店設《しつら》えにしても、オヤジのこだわりは並大抵ではない。「綺麗で旨い」のです。

今回の出しものも、白ばい貝、笹なば、あみたけ、色がら（「白つる」ともいうようです）などなど。「おばいけ」はくじら、「きんたろう」はキスに似た上品な白身魚。さらには「べにさし」と、地元の珍しい魚介類オンパレードとなりました。ちなみに、僕の苦手だった〝青背の魚〟を、ここ『小山』が食べられるようにしてくれた。感謝、深謝。とどめは、鯖の味噌煮。これも絶品。

『小山』1階の「角打ち」は朝からやっている。ここでお弁当と練り物を購入して、帰路へと就くのも「よかよか!!」というもんだ。

【長崎県・佐世保】

『ハウステンボス』のクリームチーズ&ターフルソースセット

以前テレビ番組で、新人タレントさん（おもにお笑い系）が突然目隠しをされて（拉致状態）、タクシーに乗せられ、乗り物に乗せられて目的地に着き、ホテルと思《おぼ》しき一室に通されてアイマスクを外される。ここは、どこなのか？　外国？　日本？　考えれば考えるほどわからなくなる。タレントさんはうろたえる。その一部始終をＴＶカメラにおさめ、視聴者の関心を呼ぶ番組があった。

今回訪れた長崎の『ハウステンボス』*1の印象は、まさしくそれに近いものだった。大体の想像はついていたが、それを上回る不思議議感があった。なにしろ30万本の季節の花が咲き、40万本の木々が茂り、152ヘクタール（想像がつかない）の広大な街*2がある。

ハウステンボスのテーマ「ボタニカル（英語で〝植物の……〟という意味）リゾート」のコンセプトにのっとり、総料理長ローラン・ジャンマリーさん*3が考え

とっておきのお土産。
ハウステンボスのチーズです

『ハウステンボス』
長崎県佐世保市ハウステンボス町1-1
☎0570-064-110
（総合案内ナビダイヤル）

*1
中世ヨーロッパの街並みを再現した テーマパーク。自然に囲まれた土地柄を生かして、「オンリーワン・ナンバーワン」のイベントと「三世代が楽しめる」をテーマに、国内はもとより海外からも多くの人が訪れる。

*2
取材時（2009年7月）よりもさらに植栽が進み、今では「花の王国」として、チューリップ、バラ、桜、紫陽花、ユリなどが国内最大級の規模で、一年中パーク内に咲き誇っている。

たのは、限られた調理法にしか使用されてこなかった昔からの植物やハーブを、いかに現代の調理法で蘇らせ、「新しい料理」を提供するか、ということだったのだそう。まず、食材づくりから始めるため「ガーデン」を造ることから手掛けられたようである。修業時代のパリで、日本人は「菊の花」を食することを知ったのがきっかけとお聞きした。

〝この手のお料理〟は、効用の文言は立派なのだが「お味のほうは……」というものが多い。しかしそこはさすが、素晴らしい美味しさに成熟していた。学究肌のお人柄、ローランさんならではですね。

ローランさんを通じてハウステンボスに魅せられ、いろいろなお土産を手に入れた。その中で、出色のものは「クリームチーズ&ターフルソースセット」。クリームチーズをお豆腐のようにサイコロ状に切り、花かつおを載せ、特製の甘口醤油（ターフルソース）をかけて「和」のテイストで頂く。絶品ですぞぉ。

次の日、東京でも最近とみに人気の出てきた九十九島《くじゅうくしま》の牡蠣を求めて、『マルモ水産 海上かき小屋』（海に浮かぶ筏）に行くことになった。牡蠣は〝Rの付く月〟以外は食べられないという通説を覆し、夏でも美味しい品種を研究したり、宮城県・松島の牡蠣を交配したりと〝日本一美味しい九十九島の牡蠣〟を作るための苦労話をされる社長の末竹邦彦さんの目はイキイキしていた。

＊3 ローラン・ジャンマリー氏は2010年に『三田ホテル』グランシェフに就任し、2016年現在、三田ホテルをはじめ、グループホテルの料理監修を務める。

佐世保の街は奥深い。〝伝説の〟佐世保バーガーの老舗『ブルースカイ』は納得の味だった。寿司割烹の『櫂艪《かいろ》』。ここでは、うつぼと鯨を頂いた。元祖レモンステーキの『れすとらん門』も秀逸であった。さらに数軒のジャズクラブを探訪。ええ感じのお店がいっぱいですわ。それぞれの主人、マスターが一家言《いっかげん》をお持ちだった。旅の楽しみは、こうした大勢の人に会えるということですね。

今回は珍しく、行く店々でお土産を買ってしまった。皆の喜ぶ顔が目に浮かぶ。

【福岡県・長浜】

『アキラ水産』のアキラの鯛茶

うどんやお好み焼きと同じく、僕の中でちょっとした時に無性に食べたくなるもののひとつに「鯛茶漬け」がある。僕が育った関西は「お茶漬け文化」と言ってもよいくらい、茶漬けが生活に浸透している。僕も必ず「ぶぶ漬け」*1といって、食事の仕上げに食していた記憶がある。

銀座『竹葉亭』で「鯛茶漬け」を初めて食べたときの記憶は、ずーっと目、舌、脳に染み付いている。まだデザイン会社に勤めている頃だから、40年は前になるだろう、写真家の篠山紀信さんに連れられて行った。どちらかといえば、魚より肉派だった僕にとって、こんな美味しい魚、しかも茶漬けで食した鯛の味は忘れることができない。それこそ目から鱗だった。

以来、「鯛茶漬け」に嵌《は》まっている。「鯛茶漬けソムリエ」てなもんがあるのであれば、その検定試験を受けたいほどだ。新橋『京味』の、神楽坂『石かわ』の、

『アキラ水産』
福岡県福岡市中央区
長浜3丁目11-3-711
☎092-711-6601
※パッケージのデザインは取材当時のもので、現在のものとは異なります。

*1
「ぶぶ」とはお茶。ぶぶ漬けとは、お茶漬けの意味。

『六本木与太呂』の、京都の、名古屋の、大阪の、とそれぞれの鯛茶漬けの記憶が歴史となって、僕の胃袋の中に入っている。

今回、博多に行った。プロデューサーの伊東順二さんに、黒田征太郎と僕〝K2〟の二人がお誘いを受けた「博多ZEN塾」(福岡文化財団主催)という講演会のためである。その世話人のひとり、Yさんが僕の「鯛茶」好きを知っていて、顔を合わせるや否や、打ち合わせの前に「とっておきのお土産を用意しました」と手渡してくれたのが、アキラ水産の「博多玄海 アキラの鯛茶」であった。お店で食べるなら美味しいものはたくさんあるのだが、お土産にして、「いける!!」と声を出すほどのものはなかなかお目にかかれない。ホテルに戻り、早速夜食で頂いた。さすが、博多だ。言わずもがなの美味しさであった。〝おいしい手土産〟はこれでいこうと即決した。

今回の旅もいろいろな人の世話になり、いろいろな場所、いろいろなものに出会えた。その幸せを噛み締めている。世話人のIさんには能古島に案内していただいた。なんとそこで、古い友人の檀太郎さんに会えた。能古島はお父上の檀一雄さんがあの『火宅の人』[*2]を上梓された場所だ。人形師の中村信喬さんのアトリエにも案内してもらった。伝統的なもの作りのなかに、アヴァンギャルドという か反骨精神を見た。鍋島藩の陶芸家・今泉今右衛門さんについても同じくである。

---

*2
『火宅の人』は檀一雄の遺作となった長編小説(1961-75年、第27回読売文学賞小説賞、第8回日本文学大賞)。

講演会が催された聖福寺の和尚、福岡文化財団の四島理事長（当時）など、素晴らしい方々にお会いできた。出会いは旅の醍醐味ですね。

地方の時代と言われ続けて長くなるが、こうして地元を愛する方々にお会いするとそれを肌で感じますね。メンバーが揃いました、ジェントルマン・Mさんの先導で中洲に繰り出したことは言うまでもありませんなぁ。

【鹿児島県・鹿児島】

『徳永屋本店』のさつま揚げ

「とにかく、僕について来てください」

先日、鹿児島へ行った際、友人のNさんがホテルに迎えに来てくれた。案内してくれたのが「城山観光ホテル」内にある城山温泉「さつま乃湯」の展望露天温泉であった。思わず「スゴイ!!」と感嘆の声をあげた。あの「桜島」が絵ハガキと同じ、そのままの姿で眼前に聳え立っていた。黒灰色の噴煙が青い空と妙にマッチしていた。モクモクと噴き上がっている。ハワイ島のキラウエア火山の溶岩にも驚かされたが、この場合、僕は裸でお湯に浸かっている無防備な状態だ。小一時間ただただ呆然と、なにもかも忘れて噴煙を〝ためつすがめつ〟眺めながらお湯と戯れていた。

その後はバリ島を思い出す極上のリラクセーション、感動に拍車を掛ける「オイルマッサージ」が待っていた。1年分の疲れがフッ飛んだ。Nさんの見事なお

『徳永屋本店』
鹿児島県鹿児島市東千石町4-23
☎099-225-1726

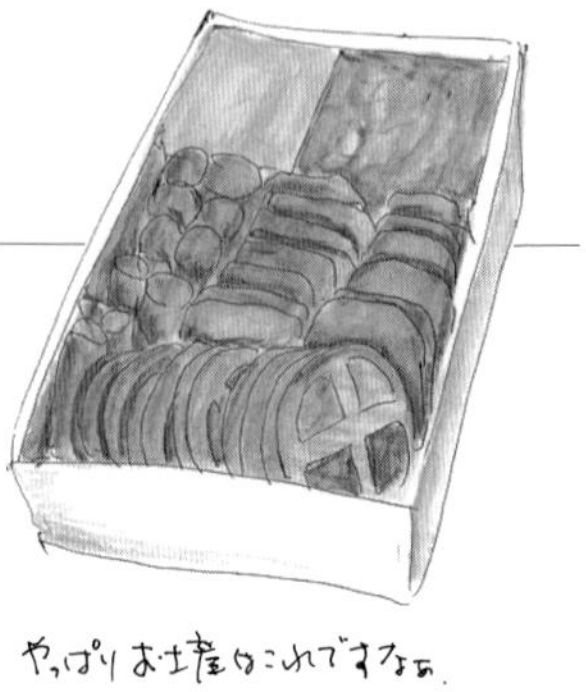

やっぱりお土産はこれですなあ。

出迎え、「おもてなし」に感じ入った。旅の初日はこういったウェルカムに限りますなぁ……。

実は鹿児島は初めての訪問である。銀色に輝くきびなごの刺身、錦江湾の魚たち、人気上昇中の黒豚、なんてったって名物中の名物・さつま揚げ、「名物に旨いものなし」とは言うけれど、これぞ全国的名物の「軽羹《かるかん》」。これが〝あにはからんや〟である、実に旨いもんであった。

鹿児島と聞いて僕が思い浮かべるのは、ホンモノの西郷隆盛像、小倉で小耳に挟んだ「マルヤガーデンズ」という百貨店、聞いたことはあるが想像がつかない「白熊」（かき氷）、我がオフィスのOBで地元に帰って一人黙々と絵を描いている大物H君、〝よかおごじょ〟[*1]、わくわくの繁華街・天文館……と、こんなにたくさんのフレーズが出てくる。自分でも初めてとは思えない。何度も足を運んでいるという錯覚に陥ってしまうような馴染みの感じられる街だ。Nさんの出迎えが鹿児島の街をこんなに好印象たらしめたわけだ。

『吾愛人』と書いて「わかな」と読むお店で焼酎ときびなごをちょいと頂き、『あぢもり』で黒豚を目いっぱい賞味する。これ以上ないほど美味であった。

腹ごしらえも整い、〝いざ、戦闘開始〟といきたいところだが、まずは酔っ払う前にお土産を確保するため、数々の候補の中から私が選んだ「さつま揚げ」を、

＊1 〝よかおごじょ〟とは鹿児島弁で、気立ての良い素敵な女性という意味。

明治32年（1899年）創業の老舗『徳永屋本店』でしこたま購入させていただいた。ちょっと気になる『明石屋』さんにも立ち寄り、「薩摩びとの幸せ」といわれている「軽羹」も買い入れた。

さて、後はこころおきなく、夜の天文館へ。街歩きを満喫したことは言うまでもない。ビバ！　桜島、万歳！　鹿児島だ。

【沖縄県・読谷村】

『池城ストアー』のスーチカー

青い海、白い雲、黄金色の砂浜、キラキラと輝く太陽……ハワイ、グアム、サイパン、沖縄……南国の島々が好きだ。縁があって沖縄には何だかんだと行く機会に恵まれている。

相棒の黒田征太郎が船乗りをしていた関係で沖縄に詳しく、最初に一緒に行ったのはパスポートが必要な頃であった。

カヌチャベイホテル&ヴィラズ、万座ビーチの浜に外国を見た。「美《ちゅ》ら」なビーチの夕陽に涙した思い出がある。

古いつき合いの友人たちが暮らしているので何度も沖縄に通った。行ってみると困ったことに、東京、大阪に帰りたくなくなってしまうのだ。リピート客が多いと聞くが納得である。

ボクが顧問をしている専門学校『日本工学院』の千葉茂校長と沖縄に行く機会

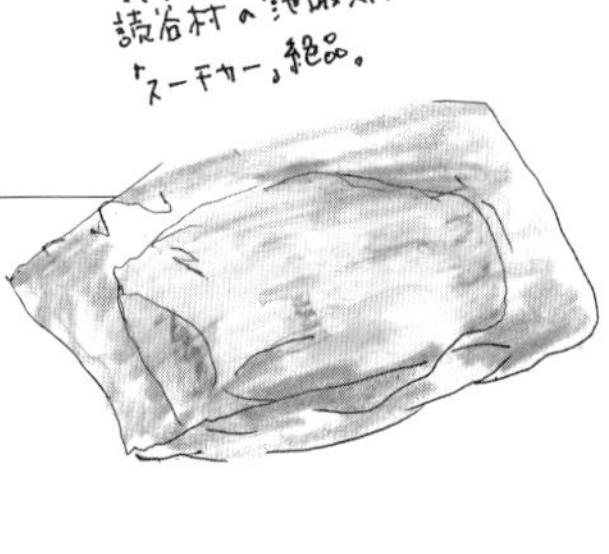
読谷村《ヨミタン》の『池城ストアー』で発見
『スーチカー』絶品。

『池城ストアー』
沖縄県中頭郡読谷村喜名478
☎098-958-4114

が多い。歴史のある学校なので卒業生が多く、校友会が活発だ。旅には土地に詳しい人が必須だと常に言っているが今回はその校友会の喜屋武《きゃん》さんにお世話になった。築100年は経つ古民家に泊めさせていただいた。沖縄の歴史を感じることができた。

この地を知るためには「食」に限るとばかりに、「何を食べましょうか？」という話になった。あれこれと頭を巡らせる。やはり一度食べたらまた食べたくなる「沖縄そば」だ。ウチナーンチュの友人も絶品だと勧める『御殿山《うどぅんやま》』にて、古くから伝わる製法で作ったソーキそばを食べた。

晩飯は、ウチナー料理大集合の老舗『うりずん』にて。豆腐ようから始まりスクガラス豆腐、島豚ソーキの塩焼き、ターンム（田芋）の唐揚げと続き、コリコリとした歯触りでおなじみのミミガーさしみ、黒ごまを豚肉にまぶしたミヌダル、ラフテー、練りもの好きには欠かせないチキアギ、噛めば噛むほど旨い島ダコの刺身、島らっきょうのてんぷら、仕上げは沖縄そばにドゥル天だ。皆さんはどれほどの料理をお分かりかな？

ごまんとある沖縄土産店のなか、これは凄いと声をあげたほどの穴場を発見した。さすが沖縄通の千葉さんだ、地元のスーパー、読谷村の『池城ストアー』である。いろいろと目移りしながら見つけたのが、泡盛の「あて」にはこれしかないというほどの逸品、豚肉を塩漬けにした「スーチカー」である。よって今回の手土産は「スーチカー」とした。

おみやげから選ぶINDEX

〝練りもの好き〟の選りすぐり

旅を語らうための 酒の肴

いつもの食卓を彩る、旅先の惣菜

何度も食べにいきたくなる　カレー

幸せになれる、米・パン・麺

常備しておきたい 調味料

長友啓典

アート・ディレクター。1939年生まれ。日本デザインセンターを経て、1969年、黒田征太郎とデザインスタジオ『K2』を設立。エディトリアル、各種広告、イベント会場のアート・ディレクター、小説の挿絵、雑誌のエッセイ連載など幅広く活躍。

「翼の王国」のおみやげ

発行日　二〇一六年六月三十日　第一刷発行
文・絵　長友啓典
デザイン　脇野直人（K2）
発行者　小黒一三
発行所　株式会社木楽舎
〒一〇四・〇〇四四
東京都中央区明石町一一・一五
ミキジ明石町ビル六階
電話　〇三・三五二四・九五七二
http://www.sotokoto.net
宣伝協力　全日本空輸株式会社
マーケティング室マーケットコミュニケーション部
印刷・製本　大日本印刷株式会社

ISBN 978-4-86324-100-8

本著はANAグループ機内誌『翼の王国』に掲載された「おいしい手土産」の内容を、一部加筆、修正したものです。